纺织服装高等教育"十四五"部委级规划教材

U0394227

FUZHUANG
SHEJI
YU
XIAOGUOTU
BIAOXIAN
JIFA

服装设计与效果图表现技法

刘佟 著

东华大学出版社·上海

内容简介

全书分为基础篇和应用篇，以服装设计与效果图表现技法为重点内容，侧重手绘技法的训练与运用，分别讲解服装设计效果图的绘画基础和色彩渲染的综合表现技法。教材结构严谨，内容与时俱进，强调专业性与实用性，注重拓展服装设计者的综合设计与表现能力，从人体比例到动态设计、从服装款式图到人物着装技巧、从设计线稿到色彩渲染，从不同类型的面料表现到典型风格设计作品的综合表现技法，全书图文并茂、深入浅出，全面详细的记录与展示了服装设计效果图表现的全过程和技巧，为服装设计学习者提供了系统化、专业化的指导。

本书适合服装设计师、时尚插画师、时装爱好者和手绘初学者行学习和临摹，可以作为服装设计院校和服装培训机构的教学用书，也可供相关专业学生选修或自学。

图书在版编目（CIP）数据

服装设计与效果图表现技法 / 刘佟著 . — 上海：东华大学出版社，2025. 3.

    ISBN 978-7-5669-2480-3

Ⅰ . TS941.28

中国国家版本馆 CIP 数据核字第 2025E4B815 号

责任编辑：杜亚玲
封面设计：JOY

服装设计与效果图表现技法

FUZHUANG SHEJI YU XIAOGUOTU BIAOXIAN JIFA

著：刘　佟
出　　版：东华大学出版社（上海市延安西路1882号，200051）
网　　址：dhupress.dhu.edu.cn
天猫旗舰店：http ://dhdx.tmall.com
营销中心：021-62193056　62373056　62379558
印　　刷：北京启航东方印刷有限公司
开　　本：889 mm×1194 mm　1/16　印张：10.5
字　　数：370千字
版　　次：2025年3月第1版
印　　次：2025年3月第1次
书　　号：ISBN 978-7-5669-2480-3
定　　价：72.00元

前　言

　　服装设计效果图作为服装设计的一种艺术表现形式，以传达服装款式的整体效果为目的，是表现服装设计意图的重要手段。作为一名优秀的服装设计师，设计的前提是需要有一种将"心中所想"生动形象表达出来的能力。因此，服装效果图表现技法是服装设计专业非常重要的一门专业基础课程。

　　服装设计效果图的绘画风格与表现形式多样，根据不同的工作场景与实际需求，有不同的表现方式。绘制服装设计效果图，需要设计者在具有一定的绘画基础与审美水平，熟练掌握各种手绘的表现技法的基础上，融入个人绘画风格与对服装的独特见解，综合多种表现技法与形式，打破绘画技法的刻板印象与规则，形成独具个人特色的绘画风格。

　　本书内容以水彩、彩铅、马克笔等手绘表现技法为主，并结合 Proceat、Photoshop 等绘画软件进行辅助绘图与后期处理；精选了上千款案例作品，从服装款式图到设计效果图，从绘画的基础训练到表现技法的综合运用，兼顾男装、女装和童装等不同类型与风格，循序渐进地分解与展示了服装设计效果图的绘制过程与表现技法；选择了当下具有代表性的设计风格作品，作为综合技法的表现案例进行详细讲解与分析。

　　作者就职于成都纺织高等专业学校，从品牌女装设计师到专业教师，从高校课堂到独立工作室，从《创意立裁设计与实训》《服装创意与设计表达》《女装造型设计与实训》，再到这本《服装设计与效果图表现技法》，一直以来，作者在 20 多年的从业经历中积累了一些宝贵的经验，在专业领域也有了一点点成果与心得，希望将这些设计经验与心得同大家一起分享，感谢长久以来支持我的各位伙伴与读者，是你们的鼓励与肯定，让我在服装设计的海洋中尽情享受。由于作者水平与能力有限，本书的撰写难免存在诸多不足之处，希望广大读者给予批评与指正，谢谢！

　　这是一个创意无处不在的时代，让我们一同学习与成长，并拥有"向上行走的力量"。

　　感谢合作单位成都桐语服装设计工作室、四川省木由忆服饰有限公司。

　　感谢王一楠、周怡江、李青、冯燕、耿巍、秦诗雯、蒋康、黄晶晶、侯金玥、王一乔、郑婧洋等对本书的大力支持。

刘岭

2024 年 8 月

目　录

上篇：基础篇

第一章　认识服装设计效果图……………………………………… 002

　　一、服装设计效果图分类……………………………………… 002

　　二、服装效果图的常见表现风格……………………………… 007

　　三、绘制服装设计效果图常用的工具与手段………………… 009

第二章　认识服装设计款式图…………………………………… 020

　　一、服装设计款式图的特征与作用…………………………… 020

　　二、服装设计款式图的分类与要求…………………………… 020

　　三、款式图模板的绘制方法…………………………………… 023

　　四、服装设计款式图的绘制方法……………………………… 035

第三章　服装设计效果图的人体表现…………………………… 051

　　一、服装人体的比例…………………………………………… 051

　　二、人体局部结构与表现……………………………………… 054

　　三、服装人体动态设计………………………………………… 060

　　四、人物头像与饰品的表现…………………………………… 075

第四章　服装设计效果图的线稿表现…………………………… 090

　　一、服装与人体的空间关系…………………………………… 090

　　二、线条的表现………………………………………………… 091

　　三、服装衣纹的表现…………………………………………… 092

　　四、人体着装的线稿表现……………………………………… 098

下篇：应用篇

第五章　服装设计效果图的色彩渲染技法与绘制过程 ·············· 104

　　一、色彩渲染技法 ··· 104

　　二、人物肤色与色彩明度归纳 ································· 111

　　三、添加背景的常用方法 ······································· 114

　　四、服装设计效果图的绘制过程 ···························· 117

第六章　服装设计效果图的面料表现技法 ······················· 123

　　一、轻薄面料的局部表现技法 ································· 123

　　二、硬挺面料的局部表现技法 ································· 138

　　三、肌理面料的局部表现技法 ································· 142

第七章　风格设计与服装效果图的综合表现技法 ·············· 148

　　一、民族风格服装设计与效果图表现技法 ················ 148

　　二、通勤风格服装设计与效果图表现技法 ················ 153

　　三、浪漫礼服设计与效果图表现技法 ····················· 156

　　四、户外运动装设计与效果图表现技法 ·················· 160

上 篇

基础篇

第一章 | 认识服装设计效果图

服装设计效果图是通过绘画来表达设计想法的一种艺术表现形式，是服装设计师与制版师、工艺师之间传达设计意图的技术文件，也是服装设计师与消费者进行沟通的桥梁。服装设计效果图不仅是服装设计专业的必修课，也是服装设计师必须熟练掌握的一项专业技能。能否将头脑中的设计想法准确形象地传达出来，是衡量设计师专业能力的重要标准。

服装设计效果图以人体为载体，以服装为主要表现内容，展示人体着装后的整体效果。在服装设计的过程中，服装设计效果图也是设计者传达设计意图最直接、最有效的表达方式。

服装本身具有审美与实用的双重属性，所以服装设计效果图除了作为一种设计者主观艺术情感的表现形式，还与传统的绘画形式及新兴的商业插画具有一定的关联性，也可以在借鉴或结合其他艺术形式的基础上，突出设计效果的艺术审美性。同时，服装设计效果图需要具备较强的功能性，在清晰准确地表现服装设计的款式、面料、色彩与结构特征的同时，体现服装与着装人体和谐统一的整体关系。因此，服装设计效果图是一种兼具艺术性和技术性的特殊绘画表现形式。

一、服装设计效果图分类

（一）设计草图

设计草图是设计师以最快捷的方式对早期设计想法的一种记录，是创意拓展和素材收集整理的主要工具。

灵感稍纵即逝，在设计的初期，往往需要设计者在极短的时间内，借助设计草图的形式，迅速捕捉和记录下当时的瞬间想法与构思，因此，设计草图是服装设计最早的平面表现形式，也是设计过程的最初阶段。概括而简洁的设计草图可以让包括其他设计者在内的观众，快速地理解设计师的真实想法与设计意图。

绘制设计草图对于时间、地点和工具没有任何的限制，根据当时的实际需要，随时可以进行。设计师根据流行趋势或者设计灵感，初步勾勒绘制出的服装设计图，是在灵感闪现时手随心动，随笔勾勒而成的。

设计草图不会过于追求画面的完整性，对人体的表现也通常简化或省略细节，侧重通过某种人物动势突出服装设计的主要特征。只要能把握服装的整体风格，抓住设计的基本特征，简单地表现服装的造型、色彩、面料、配饰等

整体效果即可，对于服装的技术细节
不做仔细考虑。其表现形式可以是单
纯简单的单线勾勒，也可以简单粗略
地加上几笔配色，或结合一些简洁的
文字说明。

　　设计初期，无论是采用单线勾勒
或是在此基础上进行简单配色，要求
设计师可以在短时间内将自己的初步
想法用设计草图的形式表现出来，因
而设计草图要求快速、清晰和精确，
注重抓住服装的外部廓型与关键的设
计特征（图1-1、图1-2）。

图1-1　单线勾勒的设计草图

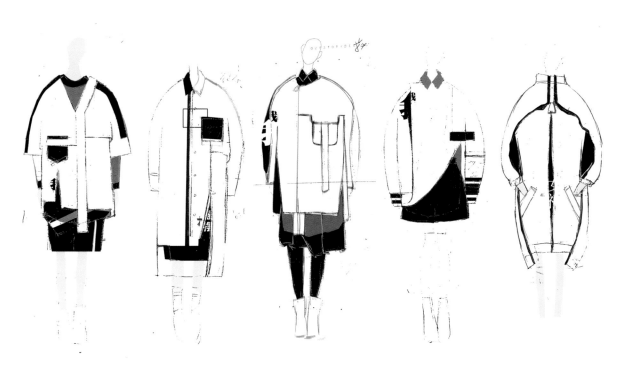

图1-2　简单配色的设计草图

（二）服装效果图

服装效果图是设计师用来表达设计思想和展现服装穿着效果的一种绘画形式，是服装设计师获取创作灵感、表达设计意图最为直观和快捷的一种方法，是从设计构思到成品完成过程中不可缺少的部分。

服装效果图是在设计草图的基础上对设计构思进行深化，对服装的款式、面料、色彩以及结构、工艺等设计细节进一步完善，借助美术形式呈现整体着装效果的一种艺术表现形式，属于视觉传达艺术的范畴。同时，服装效果图又是设计者通过平面绘画的形式，表现服装设计意图的一种手段，表现形式也有相对固定的模式。

服装效果图根据用途与表现形式的不同，可分成工业效果图和时装效果图两大类。

工业效果图，一般用于成衣类企业的批量化生产或职业制服类生产企业的招投标设计文件中，采用8~9头身高比例的服装人体绘制。要求效果图的款式绘制清晰严谨，对结构表达规范合理，明确工艺细节，绘制的着装效果比较符合客观实际效果（图1-3）。

时装效果图，一般用于个性化定制类、品牌时装类企业或各类时装设计大赛中，采用9~12头身高比例的服装人体绘制。设计内容紧扣流行趋势与设计主题，表现形式灵活，不仅强调设计效果图的视觉效果与艺术风格，还要准确地传达出设计意图，清晰地交代服装结构，呈现出完整的服饰搭配细节，一般包括着装效果图、平面款式图、面料小样和文字说明等（图1-4）。

图1-3　工业效果图

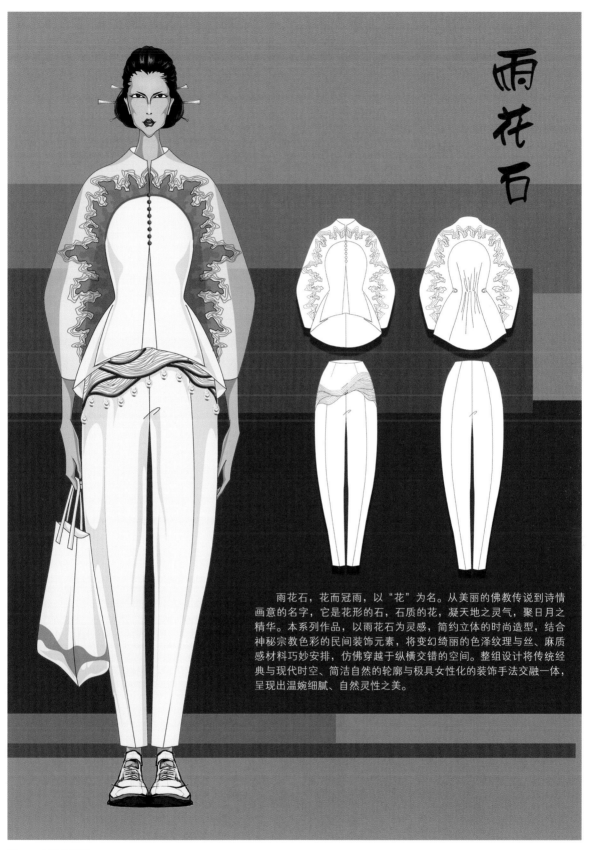

雨花石

雨花石，花而冠雨，以"花"为名。从美丽的佛教传说到诗情画意的名字，它是花形的石，石质的花，凝天地之灵气，聚日月之精华。本系列作品，以雨花石为灵感，简约立体的时尚造型，结合神秘宗教色彩的民间装饰元素，将变幻绮丽的色泽纹理与丝、麻质感材料巧妙安排，仿佛穿越于纵横交错的空间。整组设计将传统经典与现代时空、简洁自然的轮廓与极具女性化的装饰手法交融一体，呈现出温婉细腻、自然灵性之美。

图1-4　时装效果图

（三）时装插画

时装插画（Fashion Illustration）也叫艺术时装画，是时尚艺术的一种平面美术创作形式，多出现在时装杂志、海报和广告中，是具有时装特征的插画。

插画是平面设计里面最形象的表达方式，时装和插画的结合使时装插画成为时尚潮流的代名词，它代表了最新的流行趋势，承担了复制与传播时尚的重任。

早期的时装插画大多出现在时尚杂志中。在工业革命的影响下，19世纪的服装画迎来了黄金时代，一直到20世纪，在工艺美术运动等各大艺术思潮的冲击下，时装插画不仅是一种创意与灵感的展现，更是整个时代流行文化的映证。因此，时装插画的历史，伴随着世界时装史的共同发展。

雷内·格吕奥（René Gruau）是20世纪最具影响力的法国时装插画大师，笔下的时装插画简约优雅、自信潇洒、张力十足。他善于运用干净浓烈的扁平色块与令人想象的留白，没有繁复的颜色渲染，笔触刚劲有力，对人物的描绘精准概括，用寥寥几笔便能勾勒出女性举手投足间的神秘、高贵、优雅与风情万种，这种插画风格本身也成为了一种时尚经典，推动了整个时尚界的改变（图1-5）。

在时尚产业与信息科技飞速发展的今天，时装插画的技法多种多样，主题的深度与广度都有巨大的发展，时装插画被时代赋予了全新的意义。时装插画通常强调时装的年代感与时尚风貌，或追求某种艺术氛围下的视觉效果，构图设计形式多样，不受任何形式或技法限制，人物动态大胆夸张，带有显著的个性色彩（图1-6）。

图1-5　早期的时尚插画

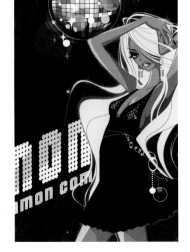

图1-6　现代时装插画

图1-7　写实风格

图1-8　写意风格

二、服装效果图的常见表现风格

当服装效果图的风格与服装设计的风格协调时，可达到较好的艺术效果。

（一）写实风格

写实风格的服装效果图注重对人物动态与造型、服装材质质感、服饰图案、衣纹结构、光影效果与服装局部细节的真实表现，强调整体着装的完整性、主次虚实的空间层次感、色彩明暗关系的合理性与设计效果的真实性，绘制写实风格的服装效果图，需要设计师具备扎实的绘画基本功（图1-7）。

（二）写意风格

写意风格的服装效果图将中国水墨写意画与服装绘画相结合，通常采用明快的构图，洒脱的用笔，朴实的技巧，简洁概括的人物造型，用写意式的绘画风格表现出服装设计的精髓与神韵。绘制写意风格的服装效果图，需要设计师经过长期的速写训练，熟悉表现对象的结构特征，线条简洁，落笔高度概括，突出重点（图1-8）。

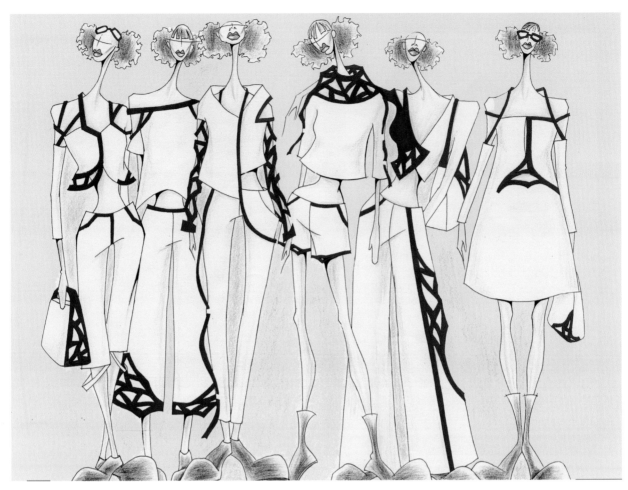

图1-9　简约风格

（三）简约风格

　　简约风格具备速写式绘画的特点，人物整体造型与局部进行省略描绘，重点刻画设计中的重要细节，通过流畅的线条与简洁凝练的造型手法，将设计意图快速清晰地表现出来。绘制简约风格的服装效果图，需要设计师具备较强的造型控制能力与概括能力，这种绘画风格的服装效果图，通常被设计师作为服装设计过程中一种省时省力

又容易出效果的表现方式（图1-9）。

（四）装饰风格

　　装饰风格借鉴了扁平插画的艺术表现手法，对人物形象和服装的线条高度概括、归纳和修饰，运用点、线、面的平面构成美学原理，结合平涂式的色彩表现手段，使画面富有节奏感与韵律感，辅以主题化的图案或装饰细节，构成富有装饰效果的视觉形象（图1-10）。

图1-10　装饰风格

三、绘制服装设计效果图常用的工具与手段

（一）画笔类

1. 铅笔

铅笔一般用于设计的起稿阶段，是服装设计效果图最基础的绘图工具。

绘制过程中常用的铅笔有木制铅笔和自动铅笔（图1-11）。

木制铅笔手感扎实，不容易断铅，可通过手上力度的变化，画出轻重不一、粗细不同的线条。自动铅笔可根据需要更换不同粗细与硬度的笔芯，使用起来比较方便，但不易处理线条转折处的轻重虚实变化，无法形成较丰富的笔触，因此选用木制铅笔效果更佳。

铅笔笔芯的硬度与深浅通常可以用字母进行标识。其中，B（black）代表软铅、H（hardness）

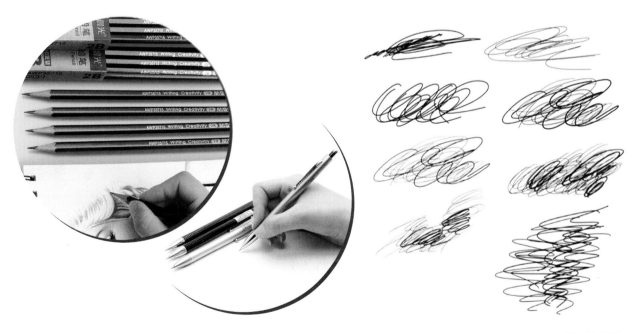

图1-11　铅笔

代表硬铅。B 前面的数字越大，软度越强，色度越黑；H 前面的数字越大，硬度越强，色度越淡；HB 则表示笔芯软硬适中，色度不黑不淡。我们在绘制服装设计效果图时，一般常用 HB、2B、4B、6B 的铅笔笔芯，H 类铅笔由于铅笔较硬而基本不用。

2. 勾线笔

绘制服装设计效果图常常需要通过对线条的勾勒刻画人物和服装的结构与细节。根据个人习惯和实际需要，勾线笔一般分为硬性勾线笔和软性勾线笔两类（图 1-12）。

硬性勾线笔包括中性笔和针管勾线笔。

中性笔，又称签字笔，采用油墨笔芯，外观为封闭式的设计，一般有多种颜色可供选择，线条颜色鲜艳饱满，勾线流畅自如，墨迹快干，不易晕染，价格便宜，使用方便，但勾线线迹相对较粗，笔触变化不大，适合在简单的草图绘制或对勾线粗细无特别要求的绘画中使用。

针管勾线笔，又称绘图墨水笔，采用水性笔芯，是绘制图纸的基本工具之一，能绘制出均匀一致的线条，外观一般采用开口式设计，以便控制水性笔芯的水流和颜色浓度，有不同的色彩选择。针管勾线笔的针管管径大小决定所绘线条的宽窄。针管勾线笔有不同粗细，在实际的绘制过程中至少应备有细、中、粗三种针管笔。另外，还有一次性针管笔，又称草图笔，其笔尖端处是尼龙棒而不是钢针。

软性勾线笔就是专门用于勾线用的细毛笔。毛笔勾线比硬笔勾线更具表现力，勾出的线条爽利稳健、均匀秀挺。例如：羊毫笔蓄墨量多，柔润细腻，笔法变化丰富。叶筋笔笔锋长短适中，有"尖"有"肚"，可控制线条的粗细变化。衣纹笔多用于绘制人物衣纹，其笔锋稍长，笔尖弹性尖锐。

3. 毛笔

在绘画过程中，经常用毛笔进行大面积的涂色与渲染。无论是形体与质感的表现，还是画面氛围的烘托，选择不同的毛笔，采用不同的笔法，会对整体绘画的风格都有很大的影响，因此，对于服装设计效果图而言，毛笔是表现

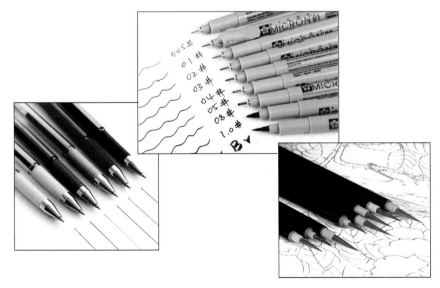

图1-12　勾线笔

图1-13　毛笔

技法的重要工具。

　　毛笔一般分为扁形方头笔、水彩毛笔、底纹笔（图1-13）。

　　扁形方头笔有不同的大小型号，画笔正面适合较大面积的涂色，侧面则可以画出较细的线，运笔时可以正侧转动，通过线面结合，呈现出丰富变化的表现效果。水彩毛笔富有弹性，含水性好，并且品类众多，大小规格也可以根据需要自由选择，通过笔尖、中锋、侧缝的运笔变化，使画面灵活生动。底纹笔是笔头扁平的羊毫笔，用于绘制背景或底色。

4. 彩色铅笔

　　彩色铅笔简称彩铅，是有不同色彩笔芯的绘图铅笔（图1-14）。

图1-14　彩色铅笔

彩铅一般分为不溶性彩铅和水溶性彩铅。其中，不溶性彩铅的色彩不溶于水，绘制的铅笔笔触与表现效果如同彩色素描一般；水溶性彩铅的色彩可以与水相溶，在绘制服装效果图时，可以用水溶性彩铅与沾水的笔刷配合，绘制出类似水彩的上色效果。

相对于其他上色工具来说，彩色铅笔可以一层一层慢慢上色，在色彩过渡与造型的调整方面比较好控制，可以精细地刻画局部细节和表现服装细腻、轻盈、通透的质感。虽然彩铅可以表现真实自然的逼真效果，但由于彩铅上色浅薄清淡，感觉色彩不够饱满，使整体画面的视觉冲击力较弱，在绘画的过程中经常配合其他绘画工具一起使用。

5. 马克笔

马克笔又名记号笔，是一种书写或绘画专用的绘图彩色笔，具有色彩亮丽、着色便捷、笔触明显、携带方便等特点，绘制效果充满较强的视觉冲击力。作为一种在纸质上手绘润色的绘图工具，马克笔着重于手绘的快速表达，画面效果容易表现出淡彩的透明清新，逐渐成为设计师钟爱的上色工具。

马克笔一般分为水性马克笔、酒精性马克笔和油性马克笔三种（图1-15）。

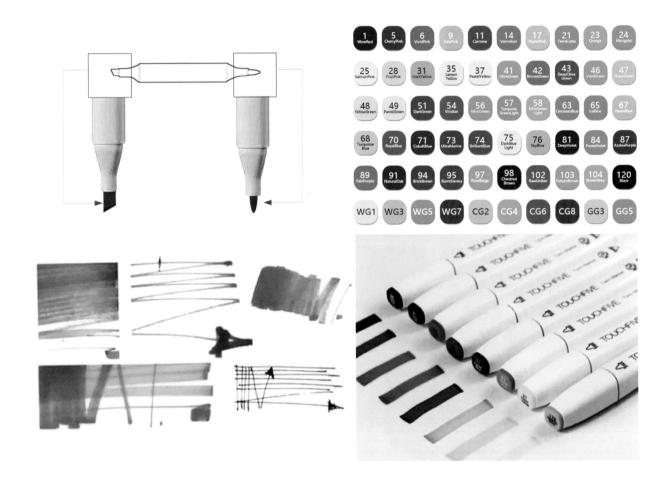

图1-15 马克笔

水性马克笔的主要成分是水和颜料，颜色亮丽有透明感，易晕开，但颜色饱和度相对较低，不防水，多次叠加颜色后会变灰，而且容易损伤纸面；酒精性马克笔的主要成分是染料、变性酒精、树脂，墨水具挥发性，可在任何光滑表面书写，具有速干、防水、环保的特点；油性马克笔的主要成分是甲醇和颜料，味道较大，颜色鲜艳、饱和度高，防水、快干、易叠色。马克笔的润色强调水溶性，可以让颜色过渡柔和自然，通常酒精性马克笔的水溶性比较好，因此，在绘制服装效果图时，推荐使用酒精性或油性马克笔。

马克笔本身含有墨水，笔尖材料主要是以纤维笔头为主，纤维笔头摩擦纸面画出的笔触比较硬朗、利落。一支马克笔通常有宽头和尖头两个笔尖，尖头笔尖形成的笔触变化较小，一般用来绘制细小局部区域，而宽头笔尖由于笔头切面角度变化较多，所形成的笔触变化也比较大，所以一般用马克笔的宽头笔尖进行润色。

马克笔盖子表面上印着不同色号对应不同的颜色，不同品牌马克笔的色号也各不一样，使用马克笔时应以在实际操作中的色彩变化为准。

马克笔上色后不能反复修改，需要快速肯定、充满自信地上色。有时候，为了达到更好的画面效果，马克笔还可以结合彩铅、水彩等其他绘画工具，对设计细节进行精细点缀或大面积上色。这需要设计师经过一定的训练，具备较好的色彩表现力与控制能力。

6. 高光笔

高光笔的覆盖力强，其构造原理类似于普通修正液，笔尖为一个内置弹性的塑料或者金

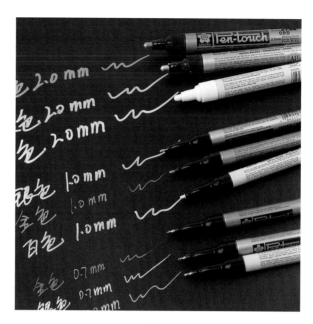

图1-16　高光笔

属细针。高光笔一般分为美术类高光笔和彩妆类高光笔两种（图1-16）。

美术类高光笔一般有0.7mm、1.0mm和2.0mm三种粗细规格的笔尖，有金、银、白三种颜色。一般情况下，高光处理大面积就留白，小面积用高光笔。因此，高光笔是在绘制服装效果图时经常会用到的一种可以提高画面局部亮度，使画面逼真的绘图工具。

（二）颜料类

1. 水彩

水彩是以水为媒介调和颜料色彩进行作画的上色工具，可以分为管装的液态水彩和块状的固体水彩两种（图1-17）。

液态水彩颜色艳丽，透明度高，适合绘制大幅作品。固体水彩相对于液态水彩来说，色素含量高，更耐用，保存更久，方便携带，适

图1-17　水彩

合绘制小幅作品。

　　水彩颜料着色具有不可替代的透明性，画面效果清丽通透，色彩表现自然，同时具有表现快速、颜色易干的特点，可以制造出梦幻、唯美的意境，让作品层次丰富和充满张力。运用水彩绘画时，需要根据绘图效果，对水分进行很好的控制，呈现色彩的干湿浓淡变化与自然过渡，因此，水彩的运用难度要稍微大些，需要经过一定的训练才能掌握。在绘制服装设计效果图时，水彩通常与钢笔、铅笔、马克笔等工具结合使用，使整体画面更具丰富多彩的表现魅力。

2. 水粉

　　水粉颜料主要是由粉质材料、胶质、色料等混合而成，用胶固定，具有覆盖力强、色彩艳丽浑厚、易于修改的特性，有管装和瓶装两种（图1-18）。

　　水粉颜料湿的时候颜色深而鲜明，即将干时更深，等颜色完全干后，颜色反而会变浅。由于水粉颜料覆盖较强，一般水粉上色表现多从暗部色调画起，然后逐渐向较亮色调和亮部推移，这样既使暗调子比较纯净，不显粉气，同时又有利于控制调子的层次变化，按照从初步上色到深入刻画的过程进行。水粉颜料适合

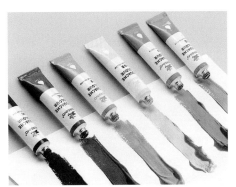

图1-18　水粉

表现秋冬季节的服装或刻画饰品、图案等局部细节。由于水粉的不透明性，上色时在受光的地方可以适当作留白处理，以免被色彩覆盖，失去设计特色。

（三）画纸类

绘制服装设计效果图，最常见的纸张种类有打印纸、素描纸、水彩纸，有时为了追求某些特殊效果，可以选择色卡纸、牛皮纸、底纹纸等，在创作阶段也经常使用速写本进行设计训练（图1-19）。

在绘画过程中，一般会根据不同的绘制要求与上色工具，选择相对应的纸张类型与规格。

办公用打印纸相对来说经济实惠，使用方便，便于收纳与整理，一般在设计草图阶段是个不错的选择。打印纸、素描纸通常使用马克笔绘制。水彩颜料在水彩纸上运用，效果是最好的。

纸张的规格是指纸张制成后，经过修整切边，裁成一定的尺寸。现在一般根据国际标准，把纸张的幅面规格分为 A 系列、B 系列，即 A 类和 B 类。其中，A 类就是我们通常说的大度纸，整张纸的尺寸是 889×1194mm，可裁切 A1 尺寸（大对开，597×840mm）、A2 尺寸（大四开，420×597mm）、A3 尺寸（大 8 开，297×420mm）、A4 尺寸（大 16 开，210×297mm）、A5 尺寸（大 32 开，148×210mm）、A6 尺寸（大 64 开，105×148mm）；B 类就是我们通常说的正度纸，整张纸的尺寸是 787×1092mm，可裁切 B1 尺寸（正对开，520×740mm）、B2 尺寸（正 4 开，370×520mm）、B3 尺寸（正 8 开，260×370mm）、B4 尺寸（正 16 开，185×260mm）、B5 尺寸（正 32 开，130×185mm）。

我们常用的绘画纸张尺寸一般为 A4、A3 或 B3。

图1-19 常用画纸

（四）其他辅助工具

1. 橡皮

橡皮有软硬之分，绘图橡皮一般选用软质橡皮，不伤纸面易于上色（图1-20）。

2. 尺子

服装设计效果图一般选用直尺，用于绘制辅助线或直线边框。绘制服装款式图时，除了直尺，还可以选用三角板、曲线板、绘图模板尺或服装人体模板进行辅助绘图（图1-21）。

3. 调色盒、调色盘与涮笔桶

调色盒是可以存放颜料的塑料盒，一般以24色格为宜。调色盘是用来调色的浅格圆盘或方盘。涮笔桶是用来涮笔的水桶或水杯等（图1-22）。

图1-20　橡皮

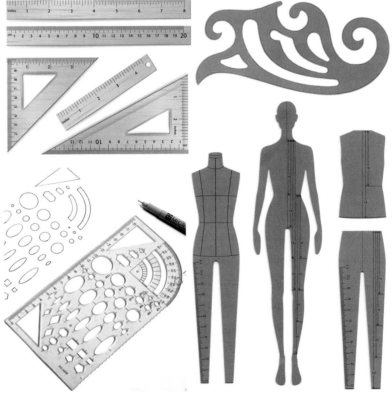

图1-21　尺子

图1-22　调色盒、调色盘与涮笔桶

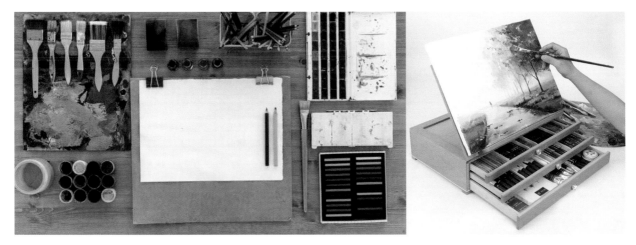

图1-23　画板

4. 画板

画板是绘画时用来垫画纸的木质板，有单独的平面画板，有带支架的画板，也有画板套装。根据画面尺寸可以选择不同大小的画板规格，绘制服装设计效果图，一般选用中小号画板（图 1-23）。

（五）设计软件的辅助绘图

一名优秀的服装设计师除了通过手绘技法绘制出漂亮的设计效果图，还必须借助现代化的手段，利用电脑绘图软件等辅助绘图工具，绘制服装设计效果图，这也是设计师必须掌握的一项基本技能。设计软件的辅助绘图，不仅大大提高了专业学习和设计工作的效率，更可以大胆、准确和细腻地表达出头脑中的各种设计想法，使画面的表现力更丰富、更直观，增加效果图的视觉冲击力，甚至达到手绘技法无法达到的艺术效果。

1. CorelDRAW

CorelDRAW 软件，简称 CDR，是 Corel 公司开发的一款图形图像软件。CDR 具有界面设计友好，简单易上手，操作精微细致的优点，其功能可分为绘图与排版两大类。作为一个图形图像工具，CDR 不仅给设计师提供了矢量动画、页面设计、网站制作、位图编辑和网页动画等多种功能，增加的临描功能还可以将位图轻易地转化为矢量图，从而摆脱了位图分辨率的问题。CDR 非凡的设计能力与超强的排版功能使其广泛应用于广告包装、商标设计、标志制作、插图描画、排版及分色输出等诸多领域。CDR 的颜色匹配管理方案让显示、打印和印刷达到颜色的一致，因此也被广泛地用于印刷喷绘打印处理，被人们认为是最好的平面广告设计软件（图 1-24）。

图1-24　CorelDRAW软件图标

在服装设计中，CDR 软件常用于绘制款式图、图案设计和画册的美化与排版等。

2. Photoshop

Photoshop 软件，简称 PS，是美国 Adobe 公司出品的图像处理与编辑软件。PS 软件以其用户界面易懂、功能完善、性能稳定的优点，是目前公认最好的通用平面美术设计软件。

PS 软件主要处理由像素构成的位图图像，在服装设计过程中，设计师通过 PS 不仅可以对设计素材图片（如图像、色彩和形状）进行选定、复制、剪切、拼贴等后期处理与编辑，还可以对素材图片中的款式、面料、色彩、配饰等进行理想化的修改、调整或更换，达到逼真的效果。PS 软件还可以通过滤镜或路径、通道、蒙板、图层等工具，对图形图像进行加工与重新创作，展现服装设计师丰富而个性化的创意结果（图 1-25）。

图1-25　Photoshop软件图标

在服装设计中，PS 软件常用于制作灵感版、手稿后期抠图、上色与美化、绘制效果图以及对作品集进行排版等。

3. Illustrator

Illustrator 软件，简称 AI，具有强大的功能和简洁的界面，是美国 Adobe 公司出品的一款非常优秀的矢量图设计软件。

AI 不仅提供了丰富的像素描绘和顺畅灵活的矢量图编辑功能，还是一款集图形、图像编辑处理，网页动画、矢量动画制作等功能于一体的设计软件，广泛应用于印刷出版、海报书籍排版、专业插画处理、多媒体图像处理和互联网页面的制作等设计领域。通过 AI 软件，不仅可以方便地制作出各种形状复杂、色彩丰富的图形和文字效果，还可以在同一版面中实现图文混排，其丰富的滤镜和效果命令，以及强大的文字与图标处理功能，使绘制的图形更加生动，大大增强了作品的表现力，可以说 AI 软件基本可以满足平面设计中的各种需要。

AI 软件的最大特征是通过"钢笔工具"设定"锚点"和"方向线"，为线稿提供较高的精度控制，使得操作简单、功能强大的矢量绘图成为可能。

在平面设计中，CDR 和 AI 都是矢量图软件。CDR 软件更侧重文字排版等文字资料比较多的，或 LOGO 设计、绘制卡通形象的工作领域，软件的功能不仅使这些设计操作起来比较简单，也能提高工作效率。AI 软件主要侧重于色彩领域，应用于印刷制版、专业插画和互联网界面设计等方面，更注重设计作品的艺术性，因 AI 软件与 PS 软件是同一家公司开发，两者在界面设计、运用操作等很多方面兼容性很高，在设计过程中相互切换也会更方便（图 1-26）。

图1-26　Illustrator软件图标

AI 软件在服装设计的实际工作中主要用来绘制款式图和矢量图图案。

4. Painter

Painter 是一款出色的仿自然绘画软件，也是目前最完善的电脑美术绘画软件。其拥有的全面而逼真的仿自然画笔，可以通过数码手段复制自然媒质效果，创作出逼真的素描、水彩画、粉笔画、油画等绘画效果，将数字绘画提高到一个全新的高度。使用数位板在 Painter 创

作出来的图像所具
有的真实感是由其
他绘图软件绘制出
的图像无法比拟的
（图1-27）。

图1-27　Painter软件图标

5. Procreate

Procreate 是一款在 iPadOS 系统上运行的强大
的绘画应用软件，也是一款用于 iPad 的绘图板仿
真工具，配合 iPad 的超大屏幕、iOS 系统的多点
触摸感应模式和专业丰富的笔刷，可以绘制出和
台式电脑画面软件相媲美的绘图效果。Procreate
的主要特点包括突破性的画布分辨率、136 种简
单易用的画笔、高级图层系统以及 iOS 上最快的
64 位绘图引擎 Silica M 的支持。Procreate 以轻巧
便携、电池供电、充电方便，以及 iPad 的屏摸
操作与简洁而人性化的界面设计等优点，营造出
舒适自由的创作空间，可
运用于插画设计、服装设
计、平面设计等，成为深
受专业设计师喜爱的绘图
软件（图1-28）。

图1-28　Procreate软件图标

6. 人工智能AI绘画生成器

随着科技与信息技术的发展与更新，AI 绘
画生成技术越来越受到服装设计师的关注。该
技术可以根据设计需求与指令，快速生成高质
量的设计和艺术作品，为设计师提供丰富的设
计灵感与参考。常用的 AI 绘画生成器有触站
AI、美术加 AI 等（图1-29）。

图1-29　AI绘画生成器

（六）服装设计的素材与资源

服装设计师在平时的工作中，常常会通过
一些网络资源收集和整理有参考价值的图片类
素材。这些网络资源如图片网、摄图网、站
酷、昵图网、花瓣网、VCG 图库、穿针引线、
蝶讯网、POP、Wallpapercave、Gratisography、
Unsplash、Stocksnap，或者小红书、哔哩哔哩等
APP 网络分享平台都是不错的选择。

一、服装设计款式图的特征与作用

（一）服装设计款式图的特征

款式图作为服装设计效果图的"补充说明"，直观形象，是设计师与技术人员、设计师与顾客或者行业内外人士进行分享与交流的重要媒介。如果说服装设计效果图侧重从艺术的角度表现服装穿在人体身上的视觉效果，那么服装款式图则是具体款式造型表现与技术分解的重要技术文件内容，是服装设计的另一种辅助表现形式。在实际的设计过程中，服装设计款式图不过于强调特定人物的表现与个性化的艺术风格，无论是在订制单品制作，还是在批量生产加工的过程中，款式图更加注重展现服装款式的结构和工艺特征，反映服装款式设计整体和局部的比例关系。

绘制清晰准确的服装设计款式图，不仅可以帮助版师和样衣师正确理解设计师的设计意图，而且有利于对服装的结构与工艺做出客观评价，为服装从平面设计转向立体成品的打版和制作工作提供重要的参考依据。因此，服装款式图的绘制要求线条清晰、结构严谨精确、表达规范工整。

服装设计款式图一般分为整体款式图和局部款式图、正面款式图和背面款式图。为了更清晰、全面地表达设计意图，还可以补充增加里布工艺展开图、面料小样、尺寸规格和工艺细节说明等信息（图2-1）。

（二）服装设计款式图的作用

1. 规范指导

服装企业里批量服装的生产流程很复杂，每一道工序都必须根据所提供的样品及样图的要求进行操作。

2. 形象表达

除了设计效果图，设计者也可以根据实际需要，通过平面款式图的形式，将大脑里构思的款式直观形象地展示出来。

3. 快速扑捉灵感、记录瞬间印象

由于款式图比效果图绘画简单，易于操作，更能够快速记录服装款式的特点，因此，对于服装设计师来说，绘制款式图在日常设计或市场调查的过程中便显得更加高效与实用。

二、服装设计款式图的分类与要求

按照款式图的表现形式，可以分为人体缩略式款式图、模拟人体动态式款式图和平面展

正面图

背面图

连身立领与连袖结构
开放式直襟设计
镶边工艺

门襟设计古朴中式
门环拉手
前侧身高开衩设计

正面图

背面图

胸部对称方形贴袋
LOGO 刺绣图案

后中开衩设计

男士套装

正面图

背面图

松紧摇头
红色带扣设计
斜插袋设计

图2-1　服装设计款式图

图2-2 人体缩略式款式图

开款式图三类。

（一）人体缩略式款式图

　　人体缩略式款式图依据人体和服装对应的比例与结构关系，从整体到局部，从服装外型、局部细节到结构表现，能够相对真实、准确地反映出特定单品设计的款式特征。人体缩略式款式图是在实际的设计工作中最为简洁和实用的款式图（图2-2）。

（二）人体动态式款式图

　　人体动态式款式图，也可以理解为服装效果图线稿的一部分。在款式图的绘制过程中，将人体动态与不同特点的面料结合，描绘出在人体特定部位产生的不同衣纹变化，可以更好地理解款式的造型细节与结构特征，更形象地表现出特定面料在实际穿着时展现出的真实状态（图2-3）。

（三）平面展开款式图

　　平面展开款式图一般用于样衣制作单或生产工艺单等生产管理类的技术文件中，作为服装生产过程中具有指导意义的重要内容，这些技术文件对款式图的要求是最为精细与复杂的。为了更完整与详细地表现出服装款式内外部的结构设计与工艺特征，除了要求完整绘制出服

图2-3　人体动态式款式图

装的正背面款式图，还要绘制出局部细节放大图和面、里布的平面展开图，必要时还需要用文字或表格标注出服装的关键数据与工艺处理手法（图2-4）。

三、款式图模板的绘制方法

人体比例是绘制款式图模板的基本依据。

虽然人体的结构和比例非常复杂，但为了快速、准确地绘制服装款式图，可以根据人体整体与局部的长宽比例，将人体比例进行概括与简化，用比例定点的方法，归纳总结出一些简单易用的款式图模板。在绘制款式图的时候，可以根据具体款式的造型特征，选用特定的服装模板，并在其基础上加以丰富与变化，借助直尺、曲线板等工具，从整体外形到局部细节进行深入绘制。

人体的基本比例由于性别和年龄的差异而不同，款式图模板可以分为女装模板、男装模板和童装模板三种。在实际的设计工作中，根据款式图的不同类型，又可以将款式图模板细分为上装模板、下装模板和连体（整装）模板三种。

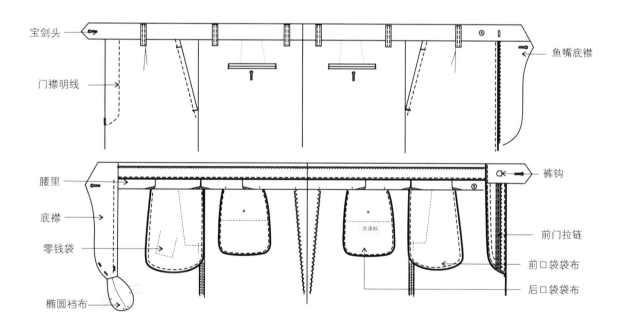

图2-4　平面展开款式图

（一）女上装款式图模板的绘制方法

通过比例定点的方法，绘制女上装款式图基础模板。

1. 绘制基础辅助线

将矩形等距分割，绘制基础辅助线（图2-5）。

① 根据纸张大小和款式图需要预留的位置进行构图与排版，先绘制一个长宽比例为2：1的矩形。

② 将矩形的长边平均分为3等份，画出水平线，确定腋下围、腰围与臀围的参考辅助线。

③ 将矩形的宽边平均分为3等份，向下画出垂直线。

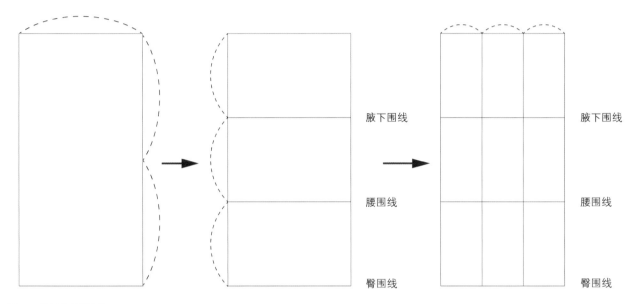

图2-5　绘制基础辅助线

2. 绘制基本外形

在矩形内进行等距分割，连接关键点，绘制出女上装模板的基本外形（图2-6）。

① 将最上面的1/3矩形自上而下，继续画出2等份和4等份的水平线，确定颈线和肩线，并按照其中4等份的距离，将腋下围向下水平移动，确定胸围的参考辅助线。

② 分别确定腰围线左右两侧等分线的中点。

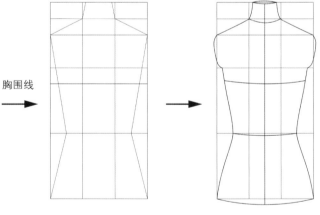

图2-6　绘制基本外形

③ 将颈线内侧3等份点和肩点相连，肩点向下和腰线两侧的2等份点相连，再向下和臀围线端点相连。

④ 根据绘制的辅助线，按照人体的曲线变化规律，将上装主体外形调整出流畅自然的曲线，同时补充完整人体的胸围线、腰围线、前中线、颈（根）围线、肩头外形线等。

⑤ 最后擦除辅助线，女上装款式图基础模板绘制完成（图2-7）。

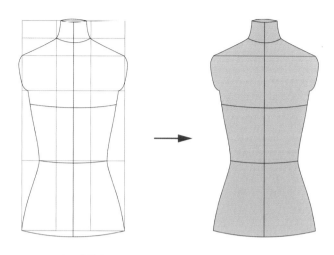

图2-7　女上装款式图基础模板

（二）女下装款式图模板的绘制方法

通过比例定点的方法，绘制女性下装款式图基础模板，在这个模板的基础上可以绘制裤子和半身裙。

1. 绘制基础辅助线

将矩形等距分割，绘制基础辅助线（图2-8）。

① 根据纸张大小和款式图需要预留的位置进行构图与排版，先绘制一个长宽比例为2∶1的矩形。将矩形的长边平均分为3等份，从第

一个等分点画出一条水平线，分别确定腰围线、臀围线和中裆线的参考辅助线。继续将矩形的长边向下延长，使矩形的长宽比例为3∶1，确定脚口线的参考辅助线。

② 将臀围线向下水平移动，使其与臀围线的距离为矩形宽边的1/4，确定上裆线的参考辅助线，将矩形的宽边平均分为2等份，向下画

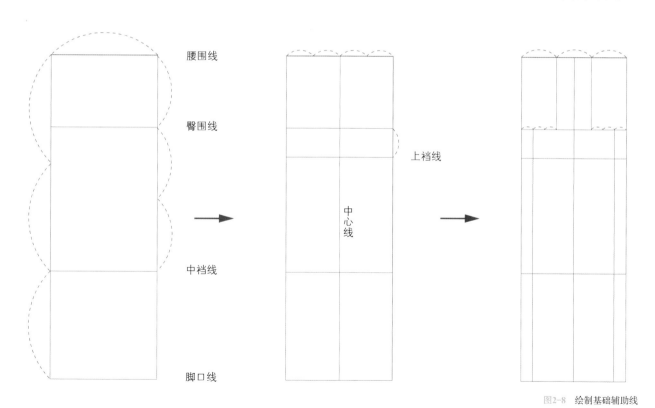

腰围线

臀围线

上裆线

中心线

中裆线

脚口线

图2-8　绘制基础辅助线

出一条垂直线，将矩形一分为二，确定中心线。

③ 将臀围线分为 3 等份，并向上画出两条垂直线。

④ 从臀围线左右两侧线段的 1/3 等分点，分别向下画出对称的两条垂线，确定侧缝的裤脚端点。

2. 绘制基本外形

① 将腰围线左右两侧线段的等分点与臀围线端点相连，再继续向下和侧缝的脚口端点相连，确定侧缝的参考辅助线，同时连接左右内侧脚口端点与上裆线中点，确定内缝线，绘制出模板的基本外形。

② 根据绘制的辅助线，按照人体的曲线变化规律，将下体外形调整出流畅自然的曲线，同时补充完整腰围线和脚口线。

③ 最后擦除辅助线，女下装款式图基础模板绘制完成（图 2-9）。

（三）女士连体装款式图模板的绘制方法

1. 绘制基础辅助线

分别按照女上装和女下装款式图模板绘制的方法，绘制出两个宽度相等的矩形。根据矩形等距分割与比例定点的方法，绘制模板的基础辅助线，分别确定出腰围线和臀围线的位置，并将两个矩形对应的腰围线和臀围线进行水平对齐。连接关键点，分别绘制出女上装和女下装模板的基本外形（图 2-10）。

2. 绘制基本外形

将两个绘制好的模板基本形的腰围线和臀围线重合对齐，形成完整的连体结构。按照人体的曲线变化规律，将主体外形调整出流畅自然的曲线，绘制出女士连体装模板的基本外形（图 2-11）。

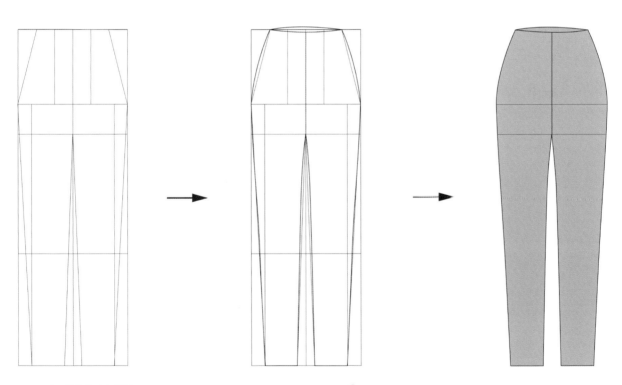

图2-9　女下装款式图基础模板

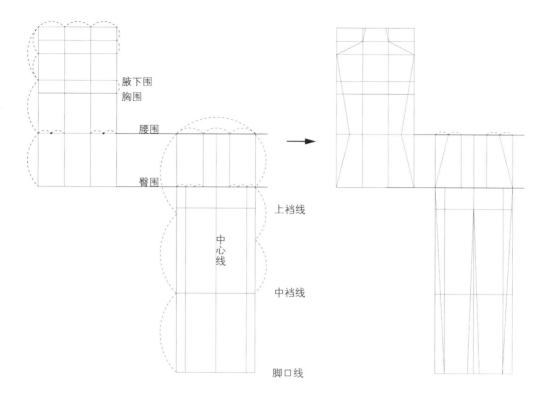

腋下围
胸围

腰围

臀围

上裆线

中心线

中裆线

脚口线

图2-10 绘制基础辅助线

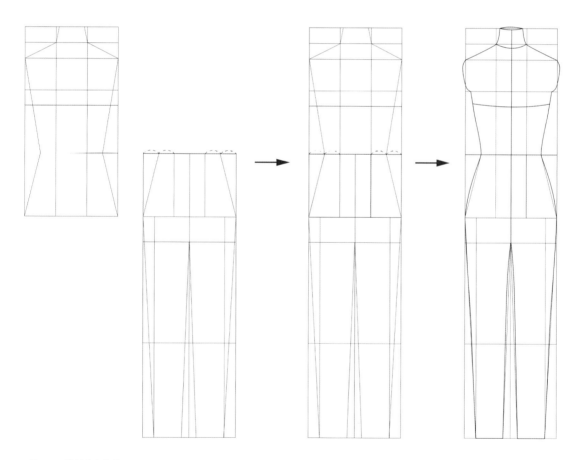

图2-11 绘制基本外形

擦除辅助线，女士连体装款式图基础模板绘制完成（图2-12）。

（四）男上装款式图模板的绘制方法

通过比例定点的方法，绘制男上装款式图基础模板。

1. 绘制基础辅助线

将矩形等距分割，绘制基础辅助线（图2-13）。

① 根据纸张大小和款式图需要预留的位置进行构图与排版，先绘制一个长宽比例为2:1的矩形。

② 将矩形的长边平均分为3等份，从上方1/3等分点画出水平线，确定腋下围的参考辅助线。将矩形的长边平均分为4等份，从下方3/4等分点处画出水平线，确定腰围的参考辅助线。

③ 将矩形的宽边进行等分，沿中点画出垂直线，作为模板的对称中心线。

④ 将矩形上方的宽边平均分为3等份，向下画出垂直线。将最上面的1/3矩形自上而下，

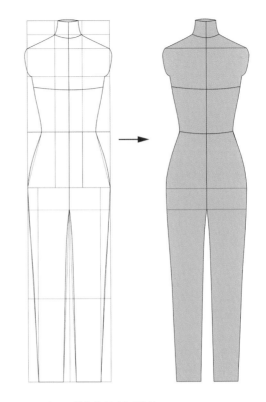

图2-12　女士连体装款式图基础模板

继续画出2等份和4等份的水平线。确定颈线和肩线，并按照其中4等份的距离，将腋下围向下水平移动，确定胸围的参考辅助线。

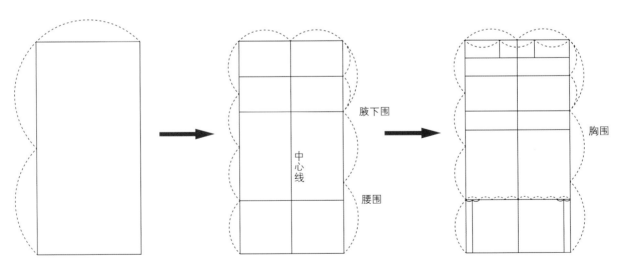

图2-13　绘制基础辅助线

⑤ 将腰围线平均分为 8 等份，再将位于腰围线左右的 1/8 线段继续进行等分，并向下绘制垂直线。

2. 绘制基本外形

连接关键点，绘制出男上装模板的基本外形。按照人体的曲线变化规律，将上体外形调整出流畅自然的曲线。最后擦除辅助线，男上装款式图基础模板绘制完成（图 2–14）。

（五）男下装款式图模板的绘制方法

通过比例定点的方法，绘制男下装款式图基础模板。

1. 绘制基础辅助线

将矩形等距分割，绘制基础辅助线（图 2–15）。

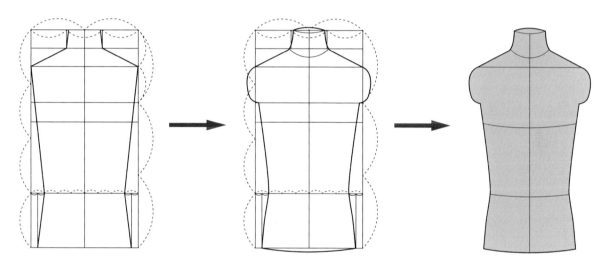

图2–14　男上装款式图基础模板

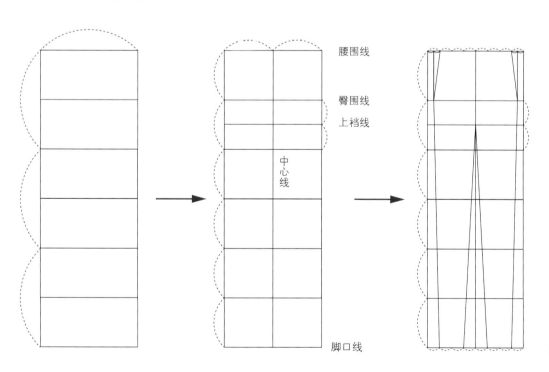

腰围线

臀围线
上裆线

中心线

脚口线

图2–15　绘制基础辅助线

① 根据纸张大小和款式图需要预留的位置进行构图与排版，先绘制一个长宽比例为 3∶1 的矩形。

② 将矩形的长边平均分为 6 等份。

③ 将上方第二个矩形横向等分，画出水平线，确定腰围线、臀围线、上裆线和脚口线的参考辅助线，再将矩形的宽边进行等分，沿中点画出垂直线，作为模板的对称中心线。

④ 将腰围线平均分为 8 等份，再将位于腰围线左右的 1/8 线段继续进行等分，并向臀围线绘制垂直线。

⑤ 将脚口线平均分为 8 等份。

⑥ 按照图示，连接关键点，绘制出模板的基本外形。

2. 绘制基本外形

按照人体的曲线变化规律，将下体外形调整出流畅自然的曲线。最后擦除辅助线，男下装款式图基础模板绘制完成（图 2-16）。

（六）男士整装款式图模板的绘制方法

1. 绘制基础辅助线

分别按照男上装和男下装款式图模板绘制的方法，绘制出两个宽度相等的矩形。根据矩形等距分割与比例定点的方法，绘制模板的基础辅助线，分别确定出腰围线和臀围线的位置，并将两个矩形对应的腰围线和臀围线进行水平对齐。连接关键点，分别绘制出男上装和男下装模板的基本外形（图 2-17）。

2. 绘制基本外形

将两个绘制好的模板基本形的腰围线和臀围线重合对齐，形成完整的连体结构。按照人体的曲线变化规律，将主体外形调整出流畅自

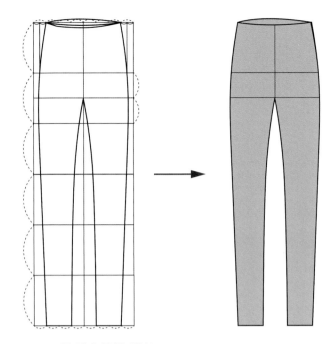

图2-16 男下装款式图基础模板

然的曲线，绘制出男士整装款式图模板的基本外形（图 2-18）。

如图 2-19，擦除辅助线，男士整装款式图基础模板绘制完成。

（七）童装款式图模板的绘制方法

根据儿童不同的年龄与体形特征，童装款式图模板可以分为幼童、小童、中童和大童四种。

通过比例定点的方法，绘制童装款式图基础模板。

1. 确定人体基本比例

不同年龄儿童的体型比例主要反映为人体高度和宽度比例的不同。在四个长、宽比例不同的矩形基础上，将矩形等距分割，绘制出幼童、小童、中童和大童的人体基本比例辅助线（图 2-20）。

① 绘制长、宽比例分别为 3∶1、3.5∶1、4∶1 和 4.25∶1 的矩形，并将每个矩形从上到下依次分割出 3~4 个正方形。

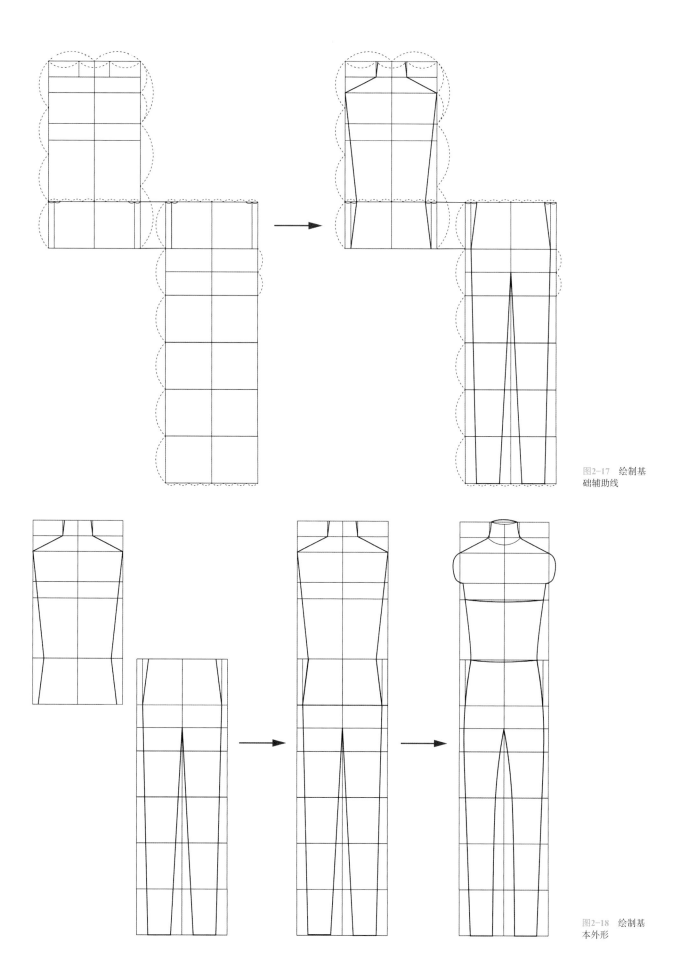

图2-17 绘制基
础辅助线

图2-18 绘制基
本外形

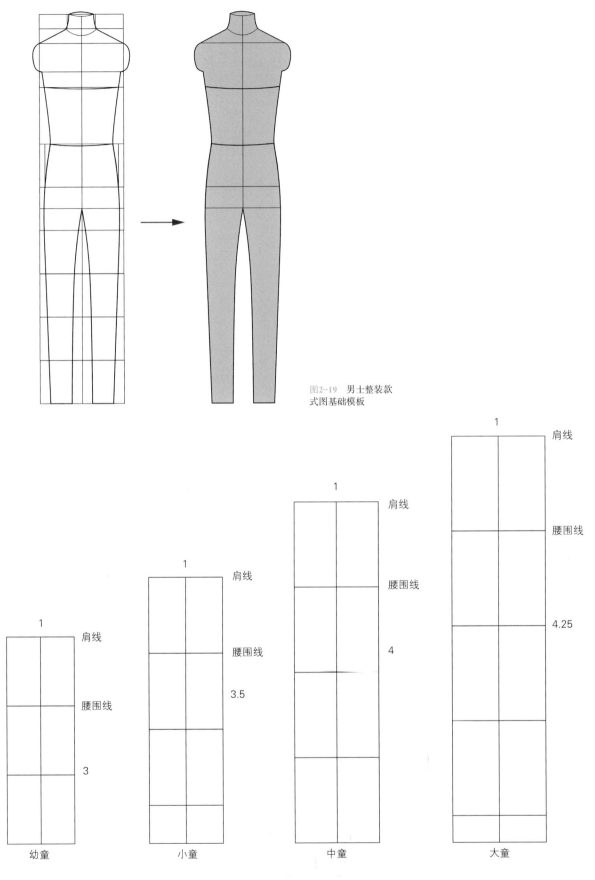

图2-19 男士整装款
式图基础模板

幼童 1 肩线 腰围线 3

小童 1 肩线 腰围线 3.5

中童 1 肩线 腰围线 4

大童 1 肩线 腰围线 4.25

图2-20 绘制人体基本比例辅助线

② 始于矩形宽边的中点，绘制一条垂直线，作为人体中心线，将矩形左右等分。

③ 确定矩形最上方第一个正方形的上下边线，分别为肩线与腰围线。

2. 绘制基础辅助线

将矩形等距分割，绘制基础辅助线（图2-21）。

① 分别将腰围线以上的正方形进行 3 等分和 2 等分，并沿 1/3 和 1/2 的等分点画出水平线，确定腋下围和胸围的参考辅助线。

② 将腰围线以下的正方形进行 2 等分，沿等分点画出水平线，确定臀围的参考辅助线。将臀围线以下的矩形进行 3 等分，沿 2/3 等分点画出水平线，确定上裆围的参考辅助线。

③ 将肩线进行 3 等分，确定颈宽，颈宽与颈长相等，再将颈长进行 2 等分，沿颈长的中点画一条水平线，作为颈线的参考辅助线。

3. 绘制基本外形

① 将脚口线 10 等分，幼童、小童、中童和大童的腰围分别进行 14、12、10、8 等分。连接关键点，绘制出童装模板的基本外形（图2-22）。

② 按照人体的曲线变化规律，补充肩头外形线，将人体外形调整出流畅自然的曲线（图2-23）。

③ 调整人体的胸围线、腰围线、臀位线，补充完整颈（根）围线，擦除不必要的辅助线，童装款式图基础模板绘制完成（图2-24）。

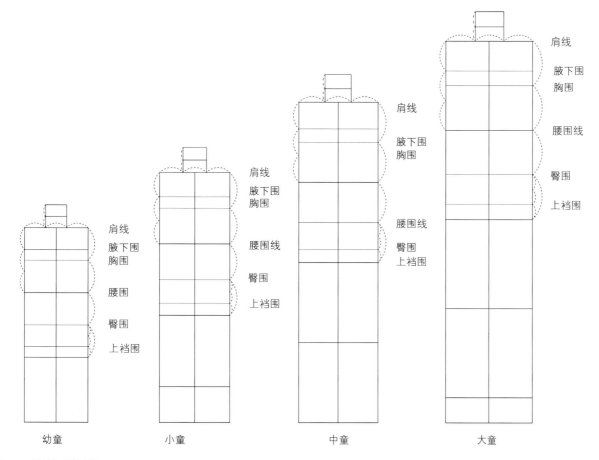

图2-21　绘制基础辅助线

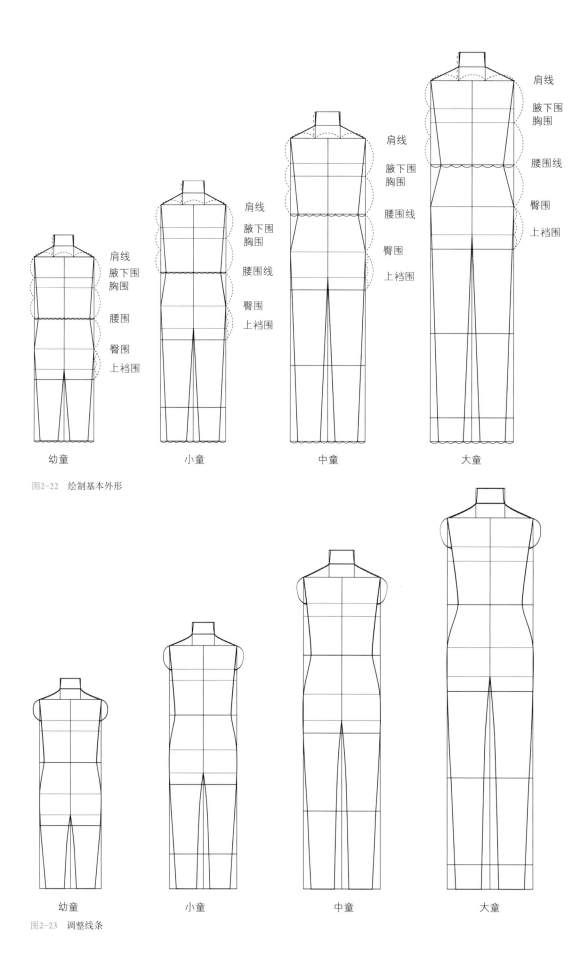

幼童　　　　　　小童　　　　　　中童　　　　　　大童

肩线
腋下围
胸围
腰围线
臀围
上裆围

图2-22　绘制基本外形

幼童　　　　　　小童　　　　　　中童　　　　　　大童

图2-23　调整线条

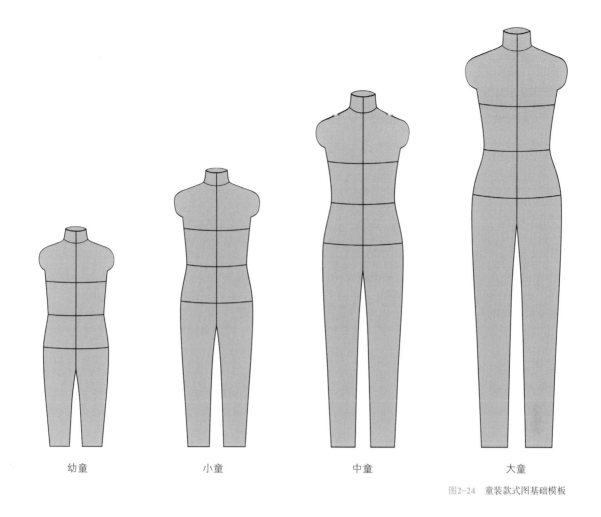

| 幼童 | 小童 | 中童 | 大童 |

图2-24　童装款式图基础模板

四、服装设计款式图的绘制方法

　　绘制服装设计款式图有手绘和电脑绘图两种方法。手绘服装款式图通常是用铅笔、勾线笔等直接在纸上进行绘制。电脑绘制服装款式图，是利用 AI、PS、CDR 等电脑绘图软件，用鼠标或数位板在电脑上进行绘制。无论使用哪一种绘图方法，比例与对称是绘制服装款式图的重要因素。服装款式图一般以人体的前后中线作为服装的中心线来表现服装的主体结构，并且以人体的结构特征与横向、围度比例为依据，从服装的整体到局部，都需要符合服装与人体的正确比例与关系，如袖长与衣身的长度之比、领宽与肩宽的宽度之比等。

　　服装设计款式图以单色线条为主要的表现手段，虽然不强调线条的艺术性，但对线条的精确性有较高的要求。服装设计款式图不仅要求线条优美工整，更需要通过不同粗细的线条表现款式的结构与工艺细节，利用不同的运笔手法形成不同粗细的笔触变化，因此，对于"线"的运用与控制就十分重要。根据线条的不同形态与特点，款式图线条的表现方式可以分为粗实线、细实线和虚线三种。粗实线一般用于表现服装的外轮廓线，细实线用于表达服装的内部结构线，虚线则可以用于表达服装的针迹线或填充类服装的绗缝线等。

为了保证设计绘图工作的专业性与高效性，在绘制的过程中可以借助直尺、曲线板或专业人体模板尺等辅助工具来提高绘图的速度与准确度，或直接在模板草图上进行绘制。模板人体的外形与基础辅助线，可以帮助我们快速、准确地找到服装的不同部位在人体上对应的位置与彼此的内在关联，更好地把握款式整体与局部的比例关系。

由于同一款式正、背面的外部廓型和在人体上对应的长度与围度结构线大致相同，背面款式图通常可以在正面模板上进行调整后直接使用。在绘制服装款式图之前，可以在纸上用铅笔起草出两个大小相同的款式图模板，或将事先准备好的款式图模板描拓两个，也可以利用拷贝台，将款式图模板放于纸面之下，透出模板轮廓与重要辅助线，方便在模板基础上直接绘制正、背面款式图。

一般来说，款式图大多只要求用黑色单线表现即可。有时候为了更生动、形象地表现款式设计的面辅料配色关系与面料质感，或者刻画局部的图案细节，在不影响服装款式准确性和合理性的基础上，可以用水彩、马克笔等上色工具或借助平板设备、数位板、压感笔、电脑绘图软件，为服装款式图添加简单的润色与阴影效果，从而增加款式图的美观性或注入一些个人风格。

按照上装、下装和整装连体的基本类型，分别以女装、男装和童装的款式设计为案例，解析款式图绘制的过程与方法。

（一）儿童夹克衫设计与款式图绘制

1. 夹克衫的分类与特点

夹克是 jacket 的译音，是一种便于工作和活动的短上衣，风行于 20 世纪 80 年代。

根据不同的款式与风格，夹克可以分为绗缝夹克、休闲夹克、摇滚夹克、骑士夹克、猎装夹克、飞行员夹克、羽绒夹克等。

儿童夹克衫穿着季节跨度大，穿脱灵活方便，兼具实用性与时尚性，是现代生活中最常见的重要时尚单品。

儿童夹克衫款式设计丰富，色彩搭配个性亮丽，通过字母、数字、动物等图案流行元素的融入，为孩子们带来时尚个性体验。同时，合适的尺码、柔软结实的面料、领口袖口等收口细节、百变领型或连帽的设计、实用的多口袋设计，提高了儿童夹克衫的舒适性、耐磨性和功能性。

2. 绘制夹克衫款式图

绘制一款男中童夹克衫款式图（图 2-25）。

① 根据夹克衫款式的设计特点，用铅笔在模板上轻轻勾画出款式正、背面的廓型线和内部结构与装饰线。注意衣长与袖长对应人体的位置，款式图应该体现出夹克衫的松量设计。

② 用铅笔或勾线笔画出干净流畅、概括凝练的线条，将夹克衫款式完整地勾画出来。在绘制过程中，运笔方向与线条的粗细、虚实等笔触变化需要遵循款式的结构与变化规律。

③ 擦除款式图模板的草图痕迹，继续用单线绘制出衣领、袖口与下摆的罗纹，拉链细节，口袋、门襟、袖子断缝分割处的装饰明线与局部拼接的绗缝线迹。

④ 用单色对夹克的衣身主体与里布进行平涂，在后背与前胸添加印花图案。

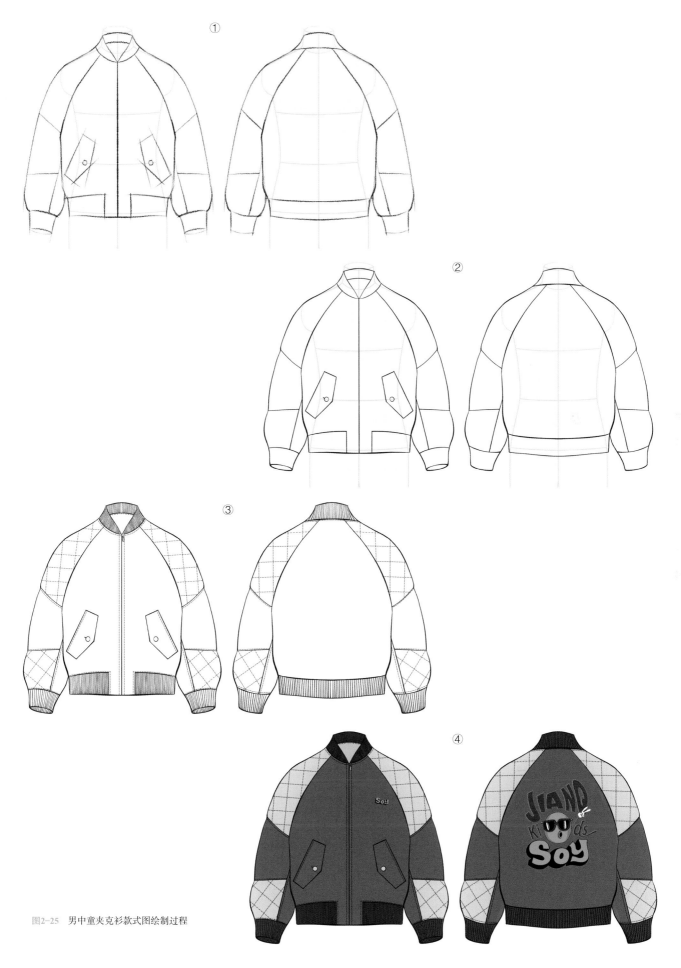

图2-25　男中童夹克衫款式图绘制过程

（二）半身裙设计与款式图绘制

1. 半身裙的分类与特点

半身裙，一般指穿着在下身的单独的裙装样式，是十分多变百搭的女装单品。

半身裙按长度不同，可以分为短裙、中裙、中长裙和长裙；按版型或廓型不同，可以分为 A 形裙、直筒裙和紧身裙；按裙腰高低不同，可以分为高腰裙、中腰裙和低腰裙。

不同的半身裙有不同的风格特征和适用人群。

工装裙：结合工装风格的半身裙，口袋的设计比较丰富，面料偏厚重，适合春秋季穿着，中性硬朗，帅酷百搭。

直筒裙：整体造型呈现为 H 形线条，是非常百搭且修饰腿型的半身裙。

鱼尾裙：腰部贴身，裙摆加大，形似鱼尾造型，版型设计展现女性优美曲线。

阔摆裙：分为一片式结构的 A 形斜裙和多片式结构的大摆裙，腰部贴身，裙摆宽大，版型自然大方，能够较好地修饰下半身体型。

不对称半身裙：裙身结构呈现不对称的特点，造型独特，裁剪利落，通过参差长短或层次差异，形成错落别致的设计感。

百褶裙：裙身遍布垂直规律的细密褶皱，呈伞状造型，凸显女性轻盈灵动的美感，但对腰胯较粗的女性不够友好。

铅笔裙：裙体合体紧身，下摆略收窄，长度一般过膝，形状细长如铅笔，展现女性身材曲线。

马面裙：中国传统服饰的代表之一。前后有四个裙门，两两重叠，中间裙门平整光滑，马面两边压褶。

2. 绘制半身裙款式图

绘制一款女士合体半身裙款式图（图2-26）。

① 根据半身裙款式的设计特点，用铅笔在模板上轻轻勾画出款式正、背面的廓型线，注意裙长对应人体的位置。

② 继续绘制出裙子的内部结构线与装饰细节。

③ 用铅笔或勾线笔画出干净流畅、概括凝练的线条，将半身裙款式完整地勾画出来。在绘制的过程中，运笔方向与线条的粗细、虚实等笔触变化，需要遵循款式的结构与变化规律。

④ 擦除款式图模板的草图痕迹，用单色对裙身主体进行平涂。

⑤ 在平涂底色的基础上，根据裙子的立体形态与光影规律，用同色系的暗色和亮色，对裙子的暗面和亮面进行简单铺色与局部刻画，用白色或高光笔提亮服装的受光面，使款式图更加生动立体。

（三）女衬衫设计与款式图绘制

1. 女衬衫的分类与特点

衬衫，泛指在外衣里面穿的单上衣。女衬衫是在 13 世纪欧洲十字军东征结束后，仿欧式男衬衫逐步发展起来的。近代妇女的衬衣，多为中式立领对襟式样。中华人民共和国成立后，西式衬衫开始广泛流行。

女衬衫根据形态和结构的不同，分为适体型、宽松型和夹克型三类。女衬衫设计强调实用性和装饰性的统一，穿着灵活，款式与面料花色变化丰富，无论是单穿还是与其他单品搭配，女衬衫应用范围越来越广，日益成为人们日常生活中的必备单品。

现代女衬衫设计常见两种类型。一是仿效男式衬衫的款型与结构特征，作为时尚的经典百搭单品或职场白领的必备单品；二是展现现

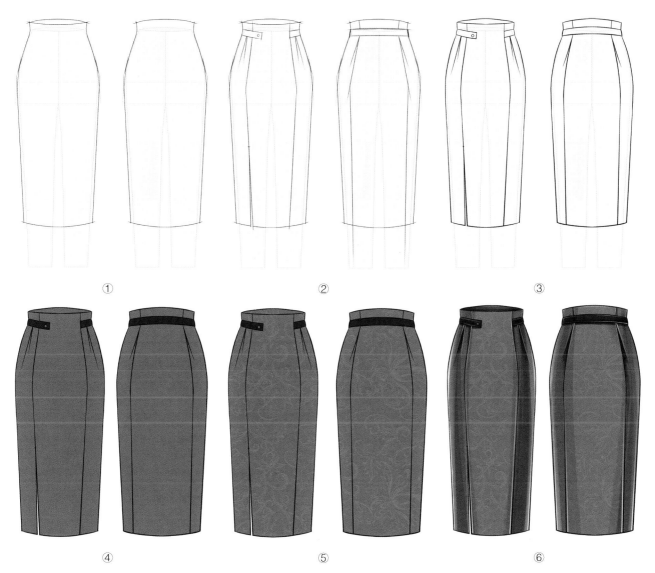

①　　　　　　　　　　　　　②　　　　　　　　　　　　　③

④　　　　　　　　　　　　　⑤　　　　　　　　　　　　　⑥

图2-26　女士合体半身裙款式图绘制过程

代时装与西式礼服的设计风格，融合时装化、礼服化的设计元素，能够代表当下流行趋势的时尚单品。

2. 绘制女衬衫款式图

绘制一款腰部抽褶的不对称合体短袖女衬衫款式图（图 2–27）。

① 根据女衬衫款式的设计特点，用铅笔在模板上轻轻勾画出女衬衫正、背面款式的基本廓型和主要造型线，完成初步草图的绘制。在绘制的过程中，需要注意女衬衫与人体模板之间合理的结构关系，草图的线条能够基本表现出女衬衫在人体不同部位上合理的放松量，以及面料向腰部一侧集中聚集的衣纹效果，把握女衬衫整体造型与局部细节之间的大小、长短比例关系，并对发现的问题进行及时修正。

② 用铅笔或勾线笔在绘制的草图上，勾画

①

②

③

④

⑤

⑥

图2-27　女衬衫款式图绘制过程

出衬衫胸部以上左右对称结构的外形线和局部造型线。要求运笔干净流畅，线条概括凝练，表现力强，体现衣领在脖颈上围合外翻而形成的内外层次感与结构关系，交叉门襟线交汇在前中线，袖口在腋下挤压形成自然的衣褶。

③ 继续绘制出女衬衫的衣身主体，交叉重叠的门襟设计，使一侧腰部形成局部聚焦抽褶造型，前身形成不对称的独特造型，成为款式设计的焦点。布料因受力抽褶，在前身腰侧形成发散形态的衣纹变化，使另一侧的布料在腰部产生横向的挤压褶皱。在绘制的过程中，运笔方向与线条的粗细、虚实等笔触变化，需要遵循衬衫款式的结构与变化规律。

④ 用单色对款式主体进行平涂，用花色图案填充肩部的过肩拼接面。

⑤ 擦除款式图模板的草图痕迹，在衣领边缘和前后衣身的过肩分割线绘制装饰车缝明线。

⑥ 在平涂底色的基础上，根据服装的立体形态与衣纹变化规律，用同色系的暗色和亮色，对服装的暗面和亮面进行简单铺色与局部刻画，用白色或高光笔提亮服装的受光边缘和布料衣纹转折凸起的反光面，使款式图更加生动立体。

（四）连衣裙设计与款式图绘制

1. 连衣裙的分类与特点

连衣裙是一个服装品种的总称，是上衣与半裙相连的连体裙装，款式灵活多变，面料与色彩的选用也根据季节、设计风格与穿着场合而有所不同，是女性非常重要的服装单品。

连衣裙自古以来都是最常用的服装之一。中国先秦时代，上衣与下裳相连的深衣，已经具备了连衣裙的基本形制，可看作连衣裙的一

种变体。第一次世界大战前，欧洲妇女服装的主流一直是连衣裙，并作为出席各种礼仪场合的正式服装。后来，随着女性越来越多地参与到社会工作中，连衣裙仍然是女性重要的服装单品之一。随着时代的进步与发展，连衣裙的种类与款式也越来越多。

在上衣和裙体上可以变化的各种因素，几乎都可以组合构成连衣裙的样式。连衣裙还可以根据造型的需要，形成各种不同的轮廓和腰节位置。如根据外形特点不同，连衣裙可以分为 A 形裙、H 形裙、X 形裙、O 形裙、V 形裙、S 形裙等。根据腰线位置不同，连衣裙可以分为高腰裙、中腰裙、低腰裙。

2. 绘制连衣裙款式图

绘制一款女士时尚连衣裙款式图（图 2-28）。

① 根据连衣裙款式裙身合体与裙摆鱼尾造型的设计特点，用铅笔在模板上轻轻勾画出款式正、背面的廓型线，注意连衣裙整体与局部在人体的对应位置合理的比例关系。

② 继续绘制出连衣裙的内部结构线与装饰细节，注意局部造型与人体的结构关系、结构线设计的合理性与美观性，完成款式草图的绘制。

③ 用铅笔或勾线笔画出干净流畅、概括凝练的线条，将连衣裙款式完整地勾画出来。在绘制的过程中，运笔方向与线条的粗细、虚实等笔触变化需要遵循款式的结构与变化规律。

④ 擦除款式图模板的草图痕迹，用单色对裙身主体进行平涂。

⑤ 在平涂底色的基础上，根据裙子的立体形态与光影规律，用同色系的暗色对裙子的暗面进行简单铺色，使连衣裙呈现出基本的层次感与立体感。

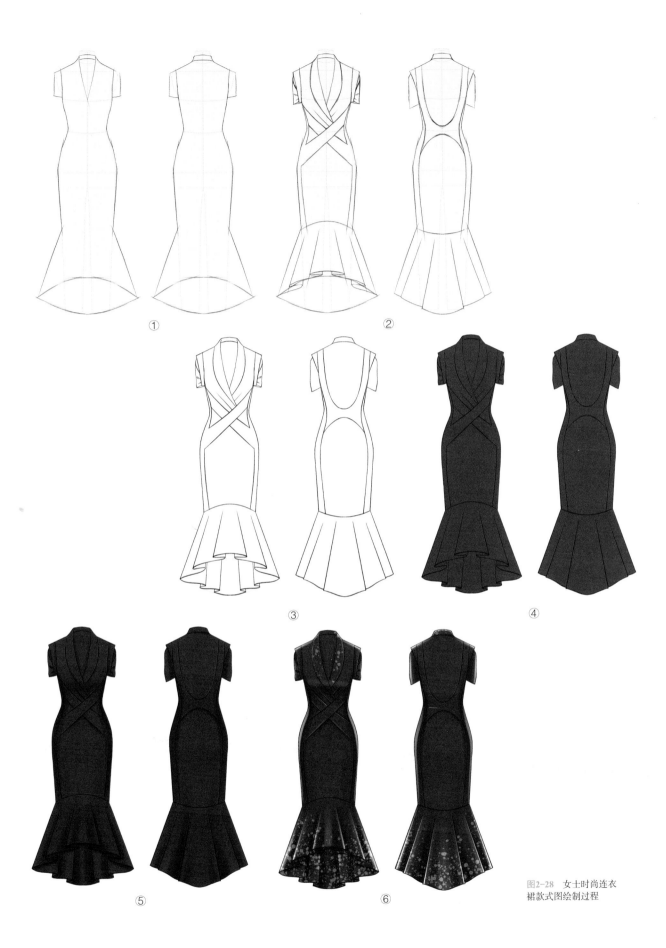

①

②

③

④

⑤

⑥

图2-28 女士时尚连衣
裙款式图绘制过程

⑥ 用同色系的浅色，对连衣裙的亮面进行简单铺色，继续对裙身局部进行刻画，画出衣领与下摆的图案，用白色或高光笔提亮服装的受光面，使款式图更加生动立体。

（五）裤子设计与款式图绘制

1. 裤子的分类与特点

裤子，泛指穿在腰部以下，有裤腿结构的服装单品。裤子的雏形非常宽松，是用绳子系于腰部的男性专用服装品种，随着女性越来越多地参与社会活动，穿着方便、简洁美观的裤子也逐渐成为女性喜爱的服装单品。

根据长短不同，裤子可以分为长裤、短裤和九分裤、八分裤等中长裤。根据造型特征不同，裤子可以分为紧身裤、直筒裤、阔腿裤和裙裤等。根据穿着场合与使用功能不同，裤子可以分为工装裤、休闲裤、运动裤、睡裤等。

裤子的造型主要由裤子的长度与围度决定。

受穿用功能和目的、审美观念和流行因素的影响，以及新材料、新工艺的问世和开发，裤子的廓型会发生变化。

裤子的细节设计主要着重于腰部、口袋、褶以及裤口的变化。一般西裤的细节变化较少，大都在口袋的造型结构上，略作改变且多限定在一些常规袋型上，而个性化和时装化较强的裤子在细节设计方面则更加丰富。

2. 绘制裤子款式图

绘制一款男士运动功能裤款式图（图2-29）。

① 根据裤子款式低腰、紧身、面料具有弹性的设计特点，用铅笔在模板上轻轻勾画出款式正、背面的廓型线，裤子外形轮廓线基本紧贴人体下肢，呈现腿部的自然曲线。

② 继续绘制出裤子的内部装饰分割结构线与装饰细节，完成款式草图的绘制。

③ 用铅笔或勾线笔画出干净流畅、概括凝

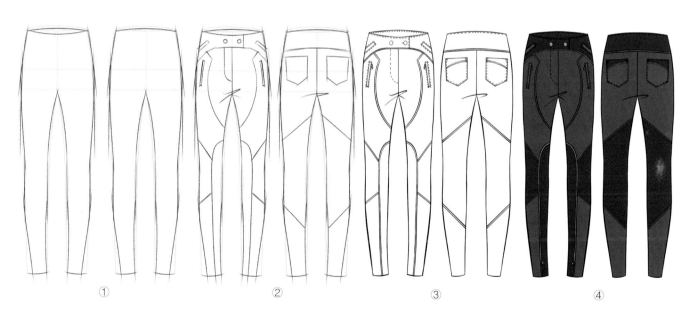

①   ②   ③   ④

图2-29 男士运动功能裤款式图绘制过程

练的线条，将裤子款式完整地勾画出来。在绘制的过程中，运笔方向与线条的粗细、虚实等笔触变化，需要遵循款式的结构与变化规律。

④ 擦除款式图模板的草图痕迹，用不同的单色对裤子主体的不同块面进行平涂。

（六）男西装设计与款式图绘制

1. 男西装的分类与特点

男西装一般是指男士西式上装或西式套装，主要特点是外观挺括、线条流畅、穿着舒适。男西装以其深厚的文化内涵和彰显男性独立自信、优雅得体的着装形象而长盛不衰，一般作为正式场合的着装首选。

19世纪50年代以前的西装并无固定式样；19世纪90年代，西装基本定型；20世纪40年代的男西装，宽肩收摆，胸部饱满，显现男性体型线条和阳刚之美；20世纪50年代，男西装趋向自然洒脱；20世纪60年代中后期，男西装款式简洁轻快，采用斜肩、小驳领和松身设计；20世纪70年代，男西装又恢复到40年代以前的基本形态；20世纪80年代初期，男西装造型自然匀称，古朴典雅并带有浪漫色彩。

现代男西装逐渐摆脱颜色单调、样式单一的严肃、刻板、束缚印象，面料和颜色的选择范围也更广。西装穿着场合与形式的多样化，使西装单品有了更加灵活自由的时尚搭配方式，也赋予其新时代的文化特质与审美价值，在凸显高品质设计的基础上，更加强调男西装的文化感、时尚感与个性化。现代男西装设计越来越符合现代男性的工作特点与生活方式，并融合多元文化与流行趋势，呈现出休闲、环保、商务、运动、科技等不同的设计风格。

男西装的基本造型与主体结构相对比较稳定，一般为三开身、翻驳领、合体袖结构。

如果按照不同的分类标准，男西装可以分为不同的类型。如按照长度不同，男西装分为短款西装、中长款西装、长款西装。按照版型与风格不同，男西装分为欧式风格西装（T形、Y形、V形）、英式风格西装（X形）、美式风格西装（宽松H形、O形）、日韩改良西装（窄版H形）。按照门襟纽扣的不同排列布局，男西装分为单排扣西装与双排扣西装。按照后片开衩的不同结构与工艺形式，男西装分为单开衩西装、双开衩西装和不开衩西装。

2. 绘制男西装款式图

绘制一款经典格纹两粒扣男西装款式图（图2-30）。

① 根据男西装款式的设计特点，用铅笔在模板上轻轻勾画出西装正、背面对称的廓型线和内部的衣领、衣袖、翻折线、下摆线等左右对称的基本边缘线。

② 将衣领、口袋、开衩、纽扣、分割线、省道线等补充完整，完成初步草图的绘制。在绘制的过程中，需要注意男西装与人体模板之间合理的结构关系，草图的线条能够基本表现出男西装在人体不同部位上合理的放松量，把握整体造型与局部细节之间的大小、长短比例关系，并对发现的问题进行及时修正。

③ 用铅笔或勾线笔画出干净流畅、概括凝练的线条，将西装款式完整地勾画出来。需要注意的是，在正面的款式图中，需要清晰地绘制出领口与下摆处展露出来的后片里布的细节，为了更好地表现后开衩的款式特征，可以绘制出开衩的翻起状态。在绘制过程中，运笔方向

①

②

③

④

⑤

⑥

图2-30　经典格纹两粒扣男西装款式图绘制过程

与线条的粗细、虚实等笔触变化需要遵循款式的结构与变化规律。

④ 擦除款式图模板的草图痕迹，用单色对款式主体与里布进行平涂。

⑤ 在面料上添加格纹图案。

⑥ 在平涂底色的基础上，根据服装的立体形态与光影规律，用同色系的暗色和亮色对服装的暗面和亮面进行简单铺色与局部刻画，用白色或高光笔提亮服装的受光面，使款式图更加生动立体。

（七）男士风衣设计与款式图绘制

1. 男士风衣的分类与特点

风衣也可以理解为适合于春秋季节外出穿着的具有保暖、防风及装饰功能的轻薄型大衣。风衣以其款式丰富、风格多样、穿着舒适、方便实用等特点，成为中青年男女的必备单品。

最初的风衣也叫"堑壕大衣"，起源于第一次世界大战时西部战场的军用大衣。1890年，托马斯·巴宝莉为参加布尔战役的英国军官设计了系带式大衣。1918年，英国军队为在雨中作战的士兵采用了巴宝莉的风衣，其款式特点是前襟双排扣，右肩附加裁片，开袋，配同色料的腰带、肩袢、袖袢，并车缝装饰明线等。因此，风衣首先源于一种功能性的设计，具有实用、硬朗的设计风格。风衣最初的样式也是以男性为主要穿着对象而设计的，具有明显的男性化特征。战后，这种大衣曾先作为女装流行，后来有了男女之别、长短之分，并发展为束腰式、直统式、连帽式等形制，领、袖、口袋以及衣身的各种切割线条也纷繁不一，风格各异。

传统款式的经典风衣有两种类型，一类是巴尔玛肯外套款风衣，另一类是堑壕风衣。巴尔玛肯外套款风衣注重塑造男性保守稳重的印象，而源自军装的堑壕风衣最能体现男性潇洒帅气的硬朗气质。

男士风衣廓型大多为宽松或半宽松的 H 形或 T 形，而 X 形廓型比较适合年轻款和时尚款，风衣款式的局部造型需要与整体的造型风格相协调。男士风衣比较重视细节的设计，如实用性强的袖型、领型、口袋、搭门、袖袢形式等。风衣用料范围较广，风格也多种多样，包括羊毛、亚麻、纯棉或质地紧密、经涂层处理过的混纺类化纤织物，具有理想的保暖、防风、防雨效果。风衣色彩以明快的中性柔和色调为主，或根据流行变化，进行个性化、风格化的色彩选择，不同图案与条纹的面料也经常在风衣设计中运用。

男士风衣根据衣长不同，可以分为长款风衣、中长款风衣和短款风衣。根据门襟纽扣的排列不同，可以分为单排扣风衣和双排扣风衣。

风衣与其他单品或服饰品的组合设计比较灵活，根据搭配方式不同，可呈现出不同的时尚风格。如混合休闲感与制服感的堑壕风衣，搭配衬衫、西裤，可形成商务绅士风；简洁低调的单排扣直筒风衣与同色系的西装裤组合，内搭高领衫，可形成文艺雅痞风；具有少年感的连帽休闲款风衣，内搭衬衫、T恤、牛仔外套或卫衣，下装搭配简单的牛仔裤，可形成运动潮酷风；简约宽松的 oversize 风衣，搭配修身下装，上下形成松紧的强烈对比，可形成街头时尚风。

① ② ③ ④

图2-31　男士宽松长风衣款式图绘制过程

2. 绘制男士风衣款式图

绘制一款男士宽松长风衣款式图（图2-31）。

① 风衣主体为对称宽松直身造型，局部款式细节表现为双排扣、插肩袖、肩裢、袖裢、斜挖袋、腰带束腰、前后盖肩布等。根据风衣设计的特点，用铅笔在模板上轻轻勾画出款式正、背面的廓型线与内部的局部造型结构线，并添加装饰细节，完成款式草图的绘制。

② 用铅笔或勾线笔画出干净流畅、概括凝练的线条，将风衣款式完整地勾画出来，需要用单线绘制出风衣衣领、门襟、盖肩布、腰带与结构分割处的装饰明线。在绘制的过程中，运笔方向与线条的粗细、虚实等笔触变化需要遵循款式的结构与变化规律。

③ 擦除款式图模板的草图痕迹，用单色对风衣主体进行平涂，里布添加小格纹图案。

④ 在平涂底色的基础上，根据风衣的立体形态与光影规律，用同色系的暗色，对暗面进行简单铺色，再继续用深色对衣褶与投影部位进行局部刻画，加大色彩的明度对比，表现出服装的结构关系与体积感，使款式图更加生动立体。

（八）服装设计版单

当定款后，需要填写服装设计版单，进入样衣开版制作的环节。

服装设计版单，也叫样衣制版单，是设计师与制版师的一种书面沟通方式，是从设计图稿到样衣开版的重要依据。

1. 服装设计版单的主要内容

完整的服装设计版单一般包括款式基本信息、正反面款式图（含工艺细节标注）、规格尺寸、面辅料小样等重要信息，其中，款式图是非常重要的内容（图2-32）。

款式图是服装设计真正落地的基础，设计

服装设计版单

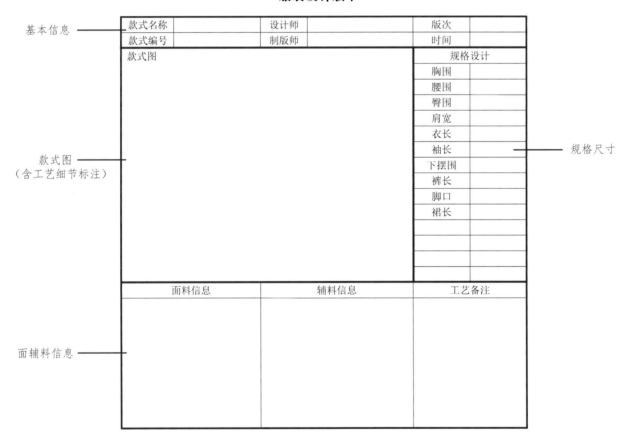

图2-32　服装设计版单的主要内容

师对款式的理解，会直接影响款式图的线条、廓型和整体比例，准确合理的款式比例与规格设计，可以大大提高设计师与制版师的沟通效率。

专业详细的描述可以帮助设计师更好地表达设计意图，为了提高制版的成功率，部位名称与工艺名词等文字说明要标注准确清晰，必要时，可以附上款式局部放大图、参考的实物图片或立体的穿着效果图。

2. 版单设计

不同的服装公司可以根据自身的特点，对服装设计版单进行个性化的设计（图 2–33）。

服装设计版单（1）

品牌名称		季节波段		版次	
款式编号		设计师		下单日期	
款式名称		制版师		出版日期	

款式图	面料信息	
	A 料	
	品名	（面料小样）
	色号	
	B 料	
	品名	（面料小样）
	色号	
	辅料信息	
	辅料 1	
	辅料 1	
	辅料 1	
	里料信息	

织带●●　梭织布牛仔布（冷色）

0.6cm单线

0.3cm边线

侧缝●●

5cm

袖口平面图

梭织布牛仔布（冷色）
梭织布牛仔布（冷色）

磨砂皮革

规格设计				备注	款式说明
部位	规格	部位	规格		

服装设计版单（2）

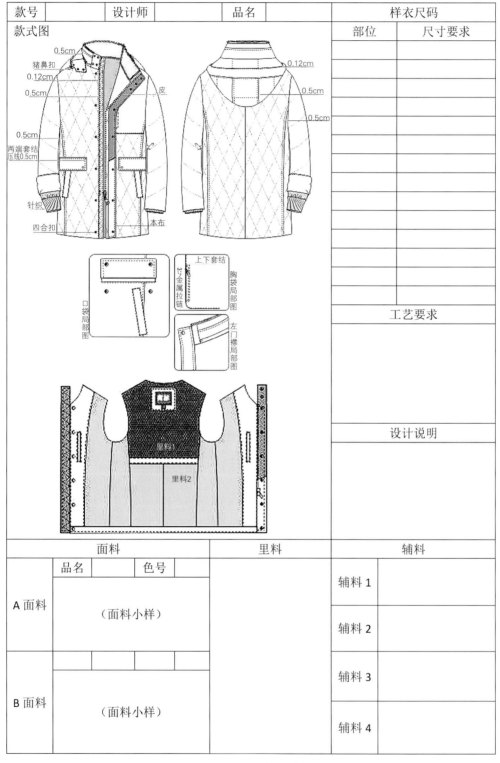

款号		设计师		品名		样衣尺码	
款式图						部位	尺寸要求

（款式图区域标注）

0.5cm
猪鼻扣
0.12cm
0.5cm
皮
0.12cm
0.5cm
0.5cm
0.5cm
两端套结
压线0.5cm
针织
四合扣
本布

上下套结
寸金属拉链
胸袋局部图
左门襟局部图
口袋局部图

里料1
里料2

工艺要求

设计说明

面料				里料	辅料	
	品名		色号		辅料1	
A面料	（面料小样）				辅料2	
B面料	（面料小样）				辅料3	
					辅料4	

图2-33 版单设计

一、服装人体的比例

人体比例，是指人体与头、躯干、上肢、下肢等各个部位之间的比例，通常以头部的长度和宽度作为基准，求其与整个人体的高度与宽度比例关系。

无论效果图采用怎样的设计风格和表现手法，服装设计都要以结构准确、比例协调的人体为基础。服装人体是一种理想化的状态，是为了符合视觉审美，在不改变人体肌肉与骨骼结构特征的基础上，根据服装风格与流行特征，对真人体型进行适当夸张、抽象、概括与美化的人体。服装人体不能简单的理解为对人体比例的夸张或拉长，而是适度拉长下肢比例，使服装人体更接近现实生活中的理想身材。

服装人体比例会随着时尚文化的流行发展而变化，不同国家与种族之间也会有所差异。

性别与年龄不同，人体特征与结构比例也是不同的。

（一）儿童人体比例

儿童处于身体快速生长发育的时期，人体比例与成年人有显著的不同，且随着生长而变化。如果以头长作为长度基准来分析儿童在不同时期的头身长度比例，儿童在婴儿时期，头部的长度占其总长度的四分之一，到 6 岁左右，头身比为 1:6。儿童在幼儿时期的腿相对较短，躯干会比腿长。在 11 岁之前，男孩和女孩的腿长和躯干长的比例相似，之后随着年龄的增长，身高的变化，身体的重心逐渐降低，身体逐渐趋于更加稳定和平衡。

与成人体形相比，儿童身高相对矮小，头的比例较大，腹部比较突出，脖子和四肢都比较粗短。儿童在成长的过程中，头部的增长相对比较缓慢，而腿部的增长却很明显且有规律，这种与成人体形的差异，会随着儿童年龄的增长逐渐缩小。

根据不同的年龄，将儿童分为幼童、小童、中童和大童，其各个生长阶段的体型特征与人体比例差异很大。在绘制儿童服装人体时，一般按照不同年龄阶段人体的正常比例，不会对其进行过度夸张。一般幼童的头身比为 1:4，腿长为 1.5 个头长；小童的头身比为 1:5，腿长为 2 个头长；中童的头身比为 1:6，腿长为 2.5 个头长；大童的头身比为 1:7，腿长为 3.5 个头长（图 3-1）。

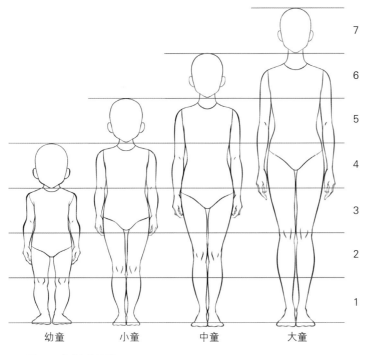

幼童　　　　小童　　　　中童　　　　大童

图3-1　儿童人体比例

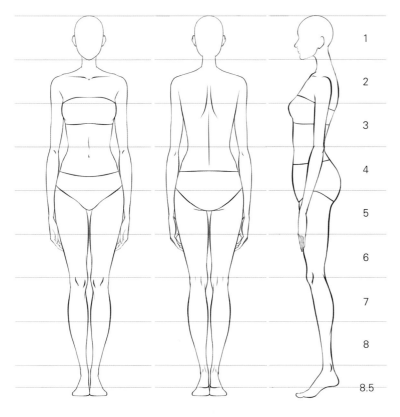

图3-2　女性人体比例

成年女性颈部细长，肩部较窄，胸部乳房隆起，腰部纤细，盆骨宽厚使臀部外突明显，整体上窄下宽，外形光滑圆润，曲线起伏较大。

如果将正常女性人体与服装人体进行对比，可发现头部基本保持不变，躯干适当拉长，四肢一般作为夸张的重点，腿部拉长后，指尖位于大腿中部，手臂也随之拉长。绘制服装人体时，通常将头的长度和宽度作为整体参照基准，将人体按照长度和宽度两个方面进行比例分配，并按照头长将人体进行等距划分。在服装人体上绘制出一些水平辅助线，不仅可以帮助我们正确地理解人体整体与局部的长度比例关系，也可以在绘制的过程中，快速地找到人体不同部位相应的位置。

女性人体从头顶到脚后跟的全身长度为 8.5 个头长，肩线约在第 2 个头长的 1/2 位置，胸围线、腰围线和臀围线分别约在第 2、第 3 和第 4 个头长的位置，臀围线到膝盖约为 2 个头长，膝盖到脚踝约为 2 个头长，脚踝到脚后跟约为 0.5 个头长。穿鞋鞋跟的高度决定了脚面展露的面积，因此，脚尖的位置可以根据鞋子的款式进行调节。肘关节可与腰围线水平线对齐，手腕关节可与大腿根部水平线对齐，指尖约在大腿中部。头宽约为 3/4 个头长，肩宽约为 2 个头宽，腰宽约为 1.3 个头宽，肩宽与臀宽大致相等（图 3-2）。

（三）男性人体比例

成年男性颈部较粗，肩部平阔，胸廓发达，腰臀围度与宽度差别较小，臀部收缩，体积较小，整体上宽下窄，挺拔有力。

如果将正常男性人体与服装人体进行对比，可发现头部基本保持不变，躯干适当拉长，四肢一般作为夸张的重点，腿部拉长后，指尖位于大腿中部，手臂也随之拉长。绘制服装人体时，通常将头的长度和宽度作为整体参照基准，将人体按照长度和宽度两个方面进行比例分配，并按照头长将人体进行等距划分。在服装人体上绘制出一些水平辅助线，不仅可以帮助我们

正确理解人体整体与局部的长度比例关系，也可以在绘制的过程中，快速找到人体不同部位相应的位置。

男性人体从头顶到脚后跟的全身长度为8.5个头长，肩线约在第2个头长的1/2位置，胸围线和臀围线分别约在第2和第4个头长的位置，因男性上肢比例相较比女性稍长，腰围线约在第3+1/3个头长的位置，臀围线到膝盖约为2个头长，膝盖到脚踝约为2个头长，脚踝到脚后跟约为0.5个头长。肘关节可与腰围线水平线对齐，手腕关节可与大腿根部水平线对齐，指尖约在大腿中部。头宽约为2/3个头长，肩宽约为2个头长，腰宽约为1.7个头宽，臀宽略大于腰宽（图3-3）。

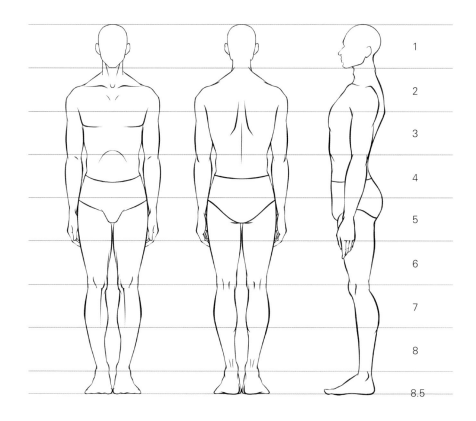

图3-3　男性人体比例

二、人体局部结构与表现

（一）头部形态的透视变化

准确把握头部的动态关系，依赖于对头部透视变化的正确理解。

我们可以用几何体的概念，把人的头部理解为一个由后脑勺球体与面部三角体共同构成的几何体，将面部上分别经过眉骨、鼻底与嘴巴的三条水平线和经过眉心、人中与下巴的垂直中轴线共同视为头部的一组透视动向线。

表现头部形态的动态变化时，可以用中轴线下意识地去理解左右对称的头部形状，通过头部动向线在头部运动中的透视关系来观察头部的动态特征，即位于面部正中间的中轴线随着头部不同方向的转动而发生变化，其他动向线也都是有弧线的，只不过其弧度大小由不同视角决定，五官在空间中因透视变化而产生近

大远小和长短的变化（图3-4）。

颈部是连接头部和肩部的重要部位，肩部的线条需要根据人物的动态进行调整，了解人体肩颈骨骼与肌肉的结构关系，也是表现头部形态的重要内容。

我们可以把后脑勺理解成一个球体，面部是卡在球体下方的结构，锁骨和肩胛骨的剖面类似于一个衣架，脖子就是卡在后脑勺球体和衣架之间的圆柱体。头颈肌肉主要分两组：一组是连接后脑勺与锁骨前端的胸锁乳头肌，类似于"从"字结构，卡在脖子的柱体之上；另一组是连接后脑勺与锁骨末端的斜方肌，斜方肌正面看像个小三角卡在脖子的两侧，背面看像一把匕首，连接后脑勺和肋骨。随着头部的转动，连接头部的关联肌肉群也会跟着发生一系列的动态变化。因此，在表现头部不同角度透视关系的时候，肩、颈、头的结构关系非常重要（图3-5）。

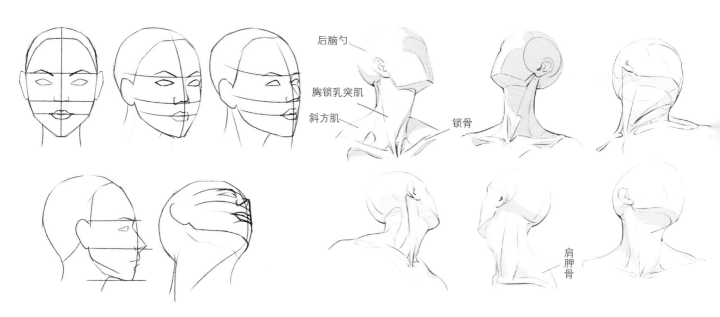

图3-4　头部形态的透视变化　　　　图3-5　肩颈与头部的结构关系

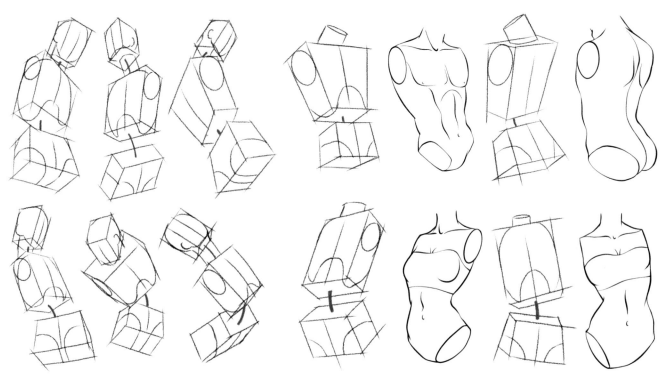

图3-6 躯干结构体块与动态变化　　　　　　　　图3-7 男女躯干的体形差异

（二）人体躯干结构与表现

为了更好地理解人体躯干的结构与动态变化中的透视关系，我们可以将躯干概括为胸腔、腹部和盆腔三个体块结构。正常情况下，脊柱的生理曲度，使胸腔与盆腔呈不同的倾斜角度，胸腔体块向前倾斜，盆腔与其相反，向后倾斜，侧面视角更为明显。

在三个体块结构中，胸腔和盆腔为两个由骨骼包裹的硬块，它们是影响躯干动态的重要体块，腹部由于没有骨骼做支撑，可以理解为能多角度扭转的软块，软块与硬块自然衔接，带动整个躯干发生动态变化。人体躯干的形态会随着胸腔和盆腔的变化而改变，在进行躯干的动态表现时，几何体块意识可以更好地帮助我们去准确概括与把握人体的结构（图3-6）。

由于生理特征的差异，男女躯干的外形与结构特征也不同。女性胸部乳房隆起，骨盆横阔，脂肪层厚，躯干表面浑圆，胸廓较窄，髋部较宽，胸腔窄于骨盆，整体呈正三角形。男性脂肪层薄，骨骼和肌肉特征明显，胸廓较宽，颈部较粗，喉结突出，胸部宽于骨盆，整体呈倒三角形。在表现人体躯干动态的时候，需要根据男女骨骼与肌肉结构的差异，通过简洁概括的线条去刻画与强调人体的性别特征（图3-7）。

（三）手臂与手的表现

人体躯干主要通过腰部的转动形成动态的变化，相比之下，四肢的细节与动态则更为复杂与丰富。

1. 手臂的表现

手臂自然下垂时，手肘位置基本与胸肋齐平，手腕长度在臀部附近，指尖在大腿中部左右，肩膀到手肘的距离与手肘到手腕的距离大致相等。

完整的上肢是由肩膀、大臂、手肘、小臂、

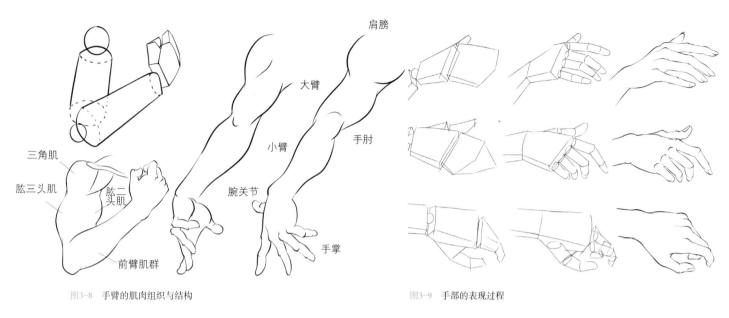

肩膀

大臂

小臂

手肘

腕关节

手掌

三角肌

肱三头肌

肱二头肌

前臂肌群

图3-8　手臂的肌肉组织与结构

图3-9　手部的表现过程

腕关节和手掌构成的。

手臂的肌肉由三角肌、肱二头肌、肱三头肌和前臂肌群构成。其中，三角肌是连接肩部与手臂的肌肉，肌肉通过手臂的变化而呈现出各种不同的形态。肱二头肌和肱三头肌是分布在大臂内外侧的肌肉，当手臂弯曲的时候，肌肉产生收缩与伸展的变化，手臂的外轮廓也随之变化，手臂伸直时，肌肉便会自然平缓。前臂肌群是连接大臂与小臂的肌肉，随着肌肉的减少，越靠近手腕，手臂越细。腕关节是连接小臂与手掌的关节，是手臂重要的转折部位，由于此处肌肉较少，在表现手臂的线条时，腕关节会有明显凸起（图3-8）。

2. 手的表现

手在人物表现中被称为第二表情，在传达人物的性格、展现服装设计整体风格中起到非常重要的作用。在绘制手的时候，可以从手的基本结构入手，将手掌与手指理解为不同的体块结构，准确把握手指的比例，处理好在不同动态中的透视关系，找到手部变化的基本规律。

人体手部分成手掌、手指和手腕三部分，其中，大拇指与其余并列的四指进行分组。手掌可以概括成一个五边形，手指可以理解为多个圆柱体的组合，组合的关节就是手指的骨节，其中大拇指是两节圆柱，其余四指为三节圆柱，大拇指与手掌通过一个类似三角体的几何块进行相连，手掌和最长的中指大致等长，五指长短不等。

（1）手部的画法（图3-9）

① 将手腕、手掌和手指概括为彼此相连的不同块体，根据其大小、比例关系，用简单的线条进行初步的起形，找准不同结构之间的转折点，根据骨点与骨点之间的距离变化，对其进行连接。

② 将手指分为二节和三节圆柱体，手部深入起形，强调手指的骨节特征与转折，注意由于手指的空间透视关系，会形成大小、长短的变化。

③ 用概括简洁、完整流畅的线条对手部进行勾线，通过线条的粗细与虚实变化，强化手的结构与美感。

（2）手部动态设计

女性手部纤细，上窄下宽，骨节不明显，指甲修长。男性手部粗大，上下几乎同宽，骨节明显突出，指甲较宽。

在服装效果图中，手部的变化非常丰富，需要根据人体的动态特征与服装需要表现的设计风格进行手部动作的设计与表现（图3-10、图3-11）。

（3）上肢的整体造型与表现

一般情况下，女性手臂的肌肉线条流畅柔和；男性手臂肌肉较发达，具有明显的肌肉起伏变化。绘画手臂的时候，可以对上肢的整体结构进行归纳，将手臂、手腕、手掌和手指理解为不同的几何形体，根据手臂肌肉的结构以及运动方式，正确理解与表现出手臂的形态特征，使上肢更具表现力与感染力（图3-12）。

图3-10 常见的女性手部动态

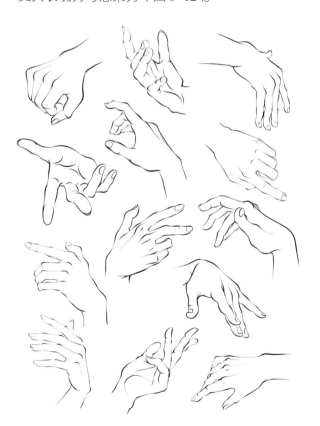

图3-11 常见的男性手部动态

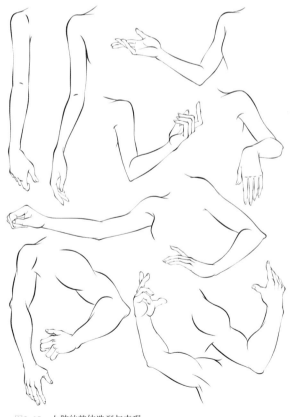

图3-12 上肢的整体造型与表现

（四）腿与脚的表现

完整的下肢由胯、腿与脚三个部分构成，胯是连接躯干与腿部的结构，胯与大腿通过大转子骨相连，大腿和小腿通过膝关节相连，腿与脚通过脚踝关节相连。

1. 腿部骨骼和肌肉特征

腿部在人体动态设计中起着至关重要的作用。人体腿部骨骼和肌肉比较复杂，腿部骨骼主要包括股骨、腓骨、胫骨和髌骨，腿部肌肉主要包括股四头肌、缝匠肌、腓肠肌和比目鱼肌。为了更好地理解腿部不同部分的结构关系，我们可以将腿部理解为不同的几何体的组合，例如胯骨为一个立体的梯形，大腿为上粗下细的圆柱体，髌骨关节为一个圆球体，小腿为中间粗、两头细的圆柱体，然后再根据腿部的骨骼特征和肌肉分布，最终确定腿部的外形（图3-13）。

2. 腿的表现

表现腿部形体的重点是在理解腿部结构的基础上，准确把握腿部整体外轮廓高低起伏的变化与规律，以及在不同动态中的透视关系。膝盖关节部位内侧低、外侧高，小腿部位也是内侧低、外侧高，而脚踝部位却是内侧高、外侧低，如果两条腿是前后关系，则会出现长短、大小的透视变化。

在线条的表现上，男性和女性的差异也十分明显。男性腿部肌肉非常发达，膝盖处的凹陷明显，可以采用较硬的线条，增加肌肉起伏的变化，突出整体形体的力量感。女性腿部脂肪较多，特别是大腿部分，形成圆润的腿部轮廓，表现时要强调腿部整体轮廓的曲线美（图3-14~图3-16）。

3. 脚的表现

人体脚的结构分为脚踝、足弓、脚掌、角质和脚后跟五个部分。为了准确地理解与表现脚部的形态，我们也可以用简化的几何体对脚的结构进行归纳，在实际的绘制过程中，脚的造型需要根据人体腿部的动态变化进行设计（图3-17）。

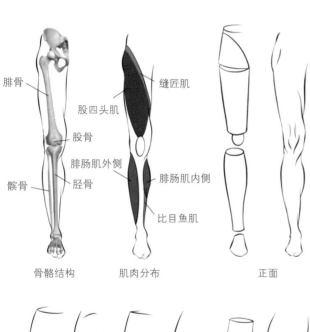

腓骨
缝匠肌
股四头肌
股骨
腓肠肌外侧
髌骨
胫骨
腓肠肌内侧
比目鱼肌

骨骼结构　　肌肉分布　　正面

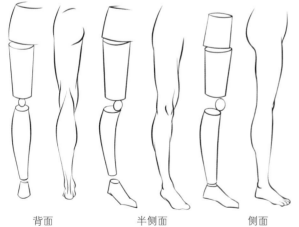

背面　　半侧面　　侧面

图3-13　腿部的结构分解

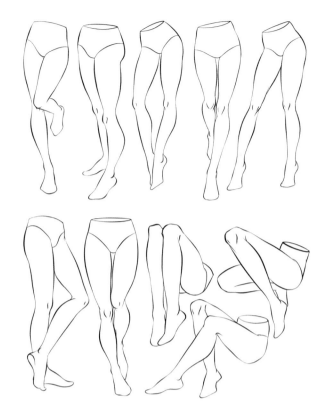

图3-14　女性腿部动态的造型表现（一）

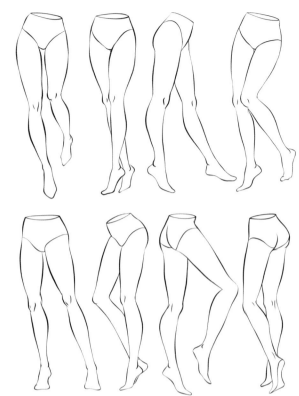

图3-15　女性腿部动态的造型表现（二）

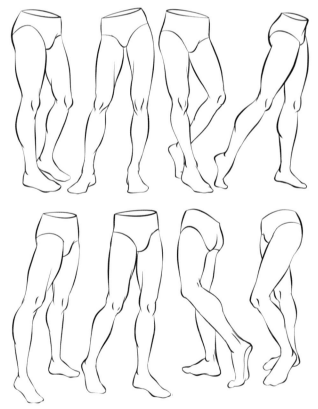

图3-16　男性腿部动态的造型表现

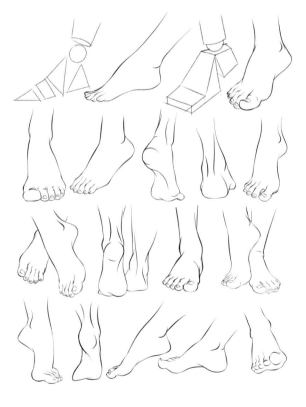

图3-17　脚的表现

三、服装人体动态设计

为了取得更好的表现效果，在绘制服装效果图时，往往会根据服装的风格与需要展现的重点部位对人体进行特定的动态设计。

（一）人体动态设计的基本结构线

人体动态设计的基本结构线是由一条中心线、一条重心线和四条动态线构成的。

人体动态设计遵循一定的规律，为了清晰地观察人体的中心线、动态线和重心线的关系，可以用简单的几何块面对人体进行简单概括（图3-18）。

1. 动态线

人体动态线是正面状态下的肩线、胸线、腰线和臀线，它们随着人体的转动或动态的变化而发生角度的倾斜变化，是人体动态变化的主要依据。当人体自然站立时，四条人体动态线保持水平且平行的状态，但当人体行走或摆出一些动作造型的时候，动态线便开始发生倾斜变化，但无论如何变化都是有一定规律的，即位于躯干最上端和最下端的肩线与臀线的倾斜方向相反且角度相等，胸线、腰线分别与肩线、臀线的变化相适应。也就是说，只要人体有动态的变化，动态线的延长线便会相交（交点不一定出现在现实的画面中），动态越大，交点距离人体就越近，动态越小，交点距离人体就越远。

2. 重心线和中心线

人体重心线是从颈根处的锁窝向地面垂直画出的一条辅助线，是人体动态平衡的主要依据。在人体没有其他外部受力点支撑的情况下，不管人体动态如何变化，只要重心线落在两脚之

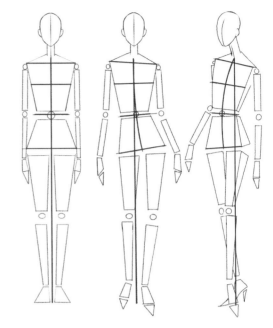

图3-18　人体动态设计的基本结构线

间或其中一只脚上，人体就可以保持相对稳定的平衡。因此，人体重心线主要落在其中一条腿上保持身体平衡时，这条腿称为重心腿，另一条腿称为姿态腿。重心腿可以在确定动态平衡的状态下保持不变，姿态腿可以随意变换姿态。为了配合腿部动态的变化，手臂动态可以根据需要进行设计，平衡动态重心的同时，使人体动态更加丰富。

人体中心线位于躯干的中间，是贯穿于动态线的对称轴。人体正面站立时，中心线与重心线重合。当人体形成一定动态时，承受重量的一侧髋部被顶起，另一侧则下沉，骨盆倾斜，为了保持人体的平衡，胸部和肩线需要向反方向倾斜，贯穿动态线的中心线与重心线偏离，并与每条动态线相对垂直。如果转体时，人体的中心线则随着身体的转体方向移动，转动角度越大，偏离动态线中点越远。

重心线支撑动态的平衡，中心线则控制人体的动态幅度。在有动态的人体上，合理地设

计中心线与重心线，把握两者的关系非常重要。

进行人体动态设计的时候容易出现的问题，可以归纳为以下几点：

① 重心线始终是垂直的，中心线则随着人体的扭动有所变化。

② 如果重心线没有落在两脚之间或重心腿没有落在重心点上，会导致人体向一侧倾斜。

③ 中心线贯穿于人体动态线，腰部扭动会导致上下躯干的腰线分别打开而产生一定的角度变化，但中心线仍然需要与之保持垂直，不然会导致人体畸形，胸腔和臀部错位。

④ 平肩或溜肩会使人体没有精神，自然的肩斜，可以使人体更加生动。

⑤ 人体在直立状态下，手肘与腰线基本齐平，但在人体动态状态下，则需要根据前后透视关系和肩线的倾斜方向发生高低变化。

⑥ 两腿膝盖的高低需要根据透视关系与臀线的倾斜方向有所变化，行走动态时，前脚支撑人体重心，后脚大多展现脚背。

对于初学者，可以用格子比例法进行人体动态设计的练习。

（二）儿童人体动态设计

1. 动态设计与绘制表现过程

儿童人体动态设计与绘制表现的过程，一般可以归纳为 2 个步骤（图 3-19）。

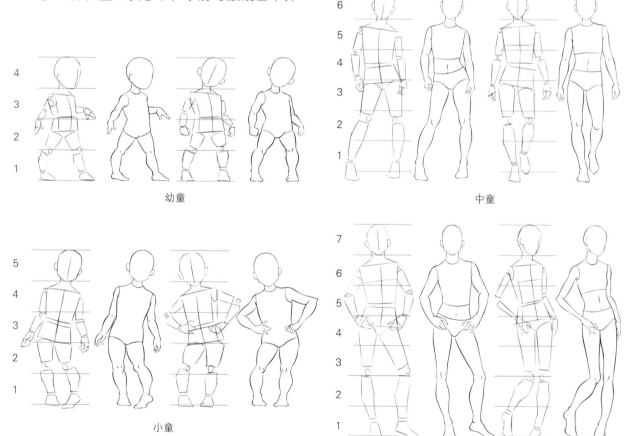

幼童

小童

中童

大童

图3-19　儿童人体动态设计

① 确定人体比例与基本动态线

在纸上合适的位置，确定出人体头顶与脚底的位置，并画出水平线，根据不同年龄阶段的头身比例，在两条水平线中间画出等距离的水平线，每一等份代表一个头长。

在第一个头长里绘制头形，再按照不同阶段的头身比例，分别画出肩线、胸线、腰线和臀线，构成人体的四条动态线。头部下面画出的脖子与肩线相连，从脖子中间与肩线的交点开始，向下画出一条垂直的重心线，再根据人体动态线的变化规律，在肩线与臀线之间设计一条人体中心线，这些线条的组合，便形成了人体的初步动态。

在人体动态线上确定出人体的宽度，将人体的躯干与下肢按照儿童人体的正确比例，用概括性的几何块面对人体动态进行简单的归纳与组合，处理好人体的整体与局部的比例关系，最终绘制完成从头到脚的基本动态关系。

躯干的动态确定好后，同样用几何块面画出手臂的动态，最后归纳出手部的基本形态，可以使服装人体的动态设计更加完整生动。

② 勾画人体线稿

用铅笔或勾线笔画出干净流畅、概括凝练的线条，将人体完整地勾画出来。在绘制的过程中，运笔方向与线条的粗细、虚实等笔触变化，需要遵循人体的结构与变化规律。

2. 常用的儿童人体动态设计

儿童人体的动态设计不宜过于夸张，舒适自然即可，人物动态可根据服装的整体风格与重点表现的部位来进行设计。

（三）女性人体动态设计

1. 动态设计与绘制表现过程

女性人体动态设计与绘制表现的过程，一般可以细分为 6 个步骤（图 3-20）。

① 确定等距水平线

在纸上合适的位置，确定出人体头顶与脚底的位置，并画出水平线，在两条水平线中间画出等距离的 8 条水平线，将之分为 9 等份，每一等份代表一个头长。

② 确定头形与基本动态线

在第一个头长里绘制一个椭圆的头形，在第二个头长中间画出肩线，在第二个头长下边线画出胸线，在第三个头长下边线画出腰线，在第四个头长下边线画出臀线，构成人体的四条动态线。从头部下面画出脖子，与肩线相连，脖子中间与肩线的交点作为人体的锁窝，这是重心线与中心线的起点，画出一条垂直的重心线，再根据人体动态线的变化规律，在肩线与臀线之间设计一条人体中心线，这些线条的组合，便形成了人体的初步动态。

③ 用几何块面概括人体躯干

在人体动态线上确定出人体的宽度，将人体的躯干与下肢，按照女性服装人体的正确比例，用概括性的几何块面对人体动态进行简单的归纳与组合。注意两条腿因前后关系，使其形成大小、长短上的不同，处理好人体的整体与局部的比例关系。最终绘制完成从头到脚的基本动态关系。

④ 用几何块面概括手臂动态与手的基本形态

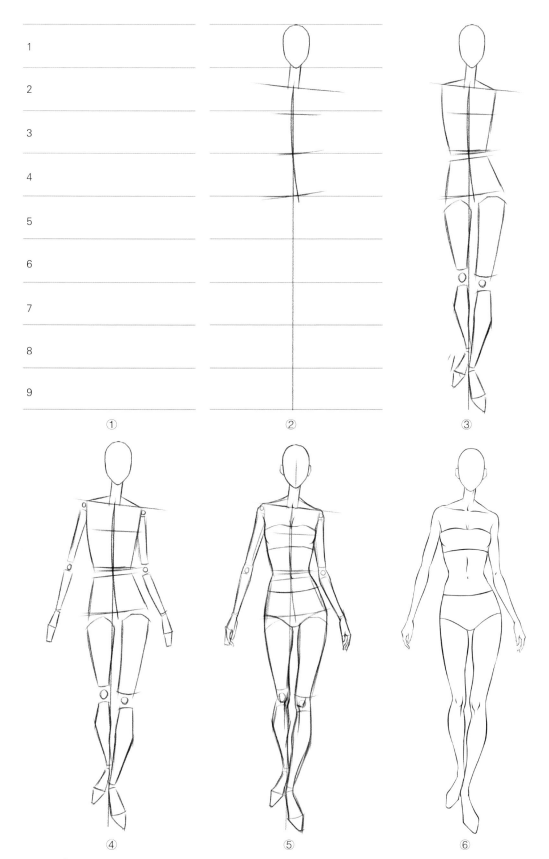

图3-20　女性人体动态设计过程

躯干的动态确定好后，同样用几何块面画出手臂的动态。最后归纳出手部的基本形态，使服装人体的动态设计更加完整生动。

⑤ 绘制人体动态设计的草图

确定好基本动态后，在动态草图上，用铅笔轻轻将人体的外形与基本结构勾勒出来，绘制出人体动态设计的草图。

⑥ 整理线条

用铅笔或勾线笔画出干净流畅、概括凝练的线条，将人体完整地勾画出来。在绘制的过程中，运笔方向与线条的粗细、虚实等笔触变化，需要遵循人体的结构与变化规律。

2. 正面和半侧面女性人体动态设计

人体的正面和半侧面，往往可以更好地展现服装的全貌与设计重点，因此，也是设计师在设计人体动态时常用的角度（图3-21、图3-22）。

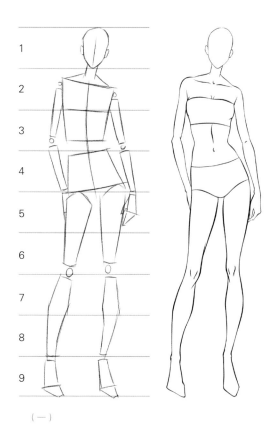

（一）

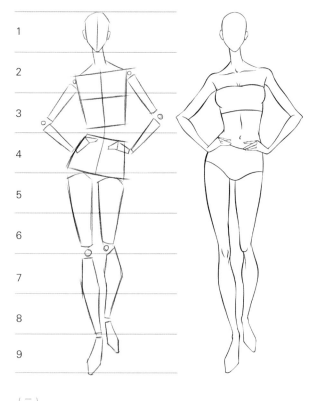

（二）

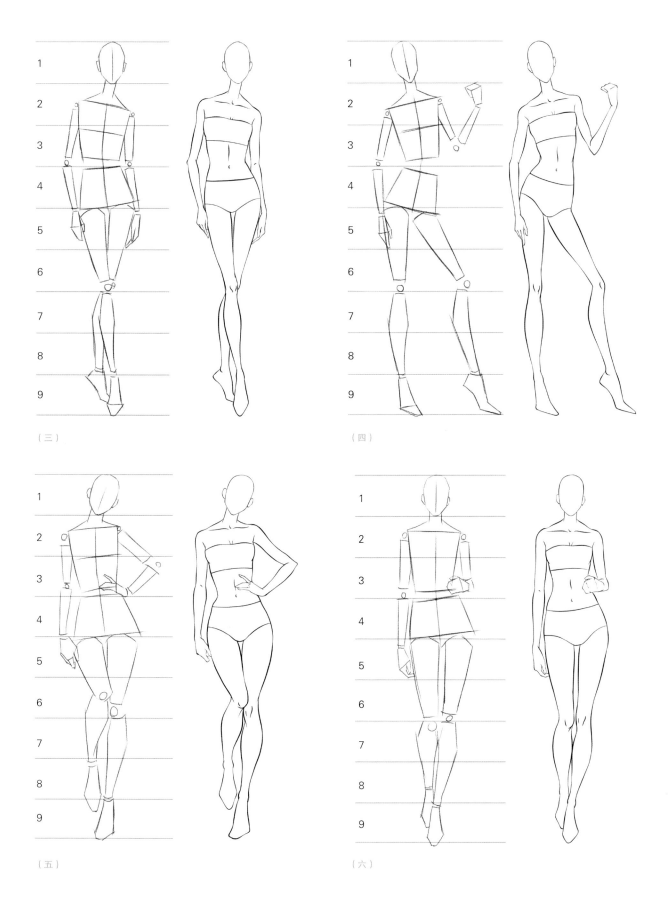

（三）

（四）

（五）

（六）

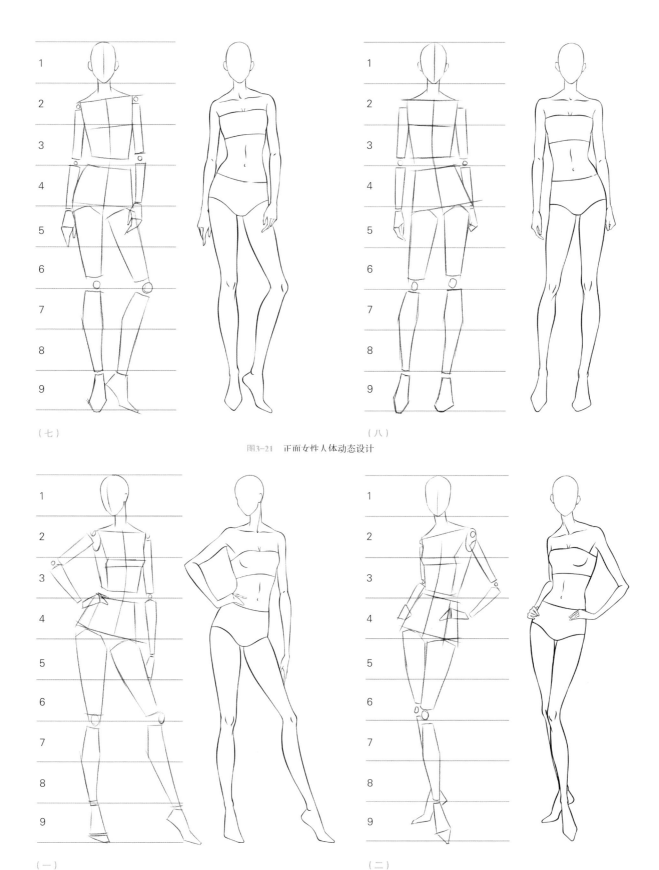

（七）

（八）

图3-21　正面女性人体动态设计

（一）

（二）

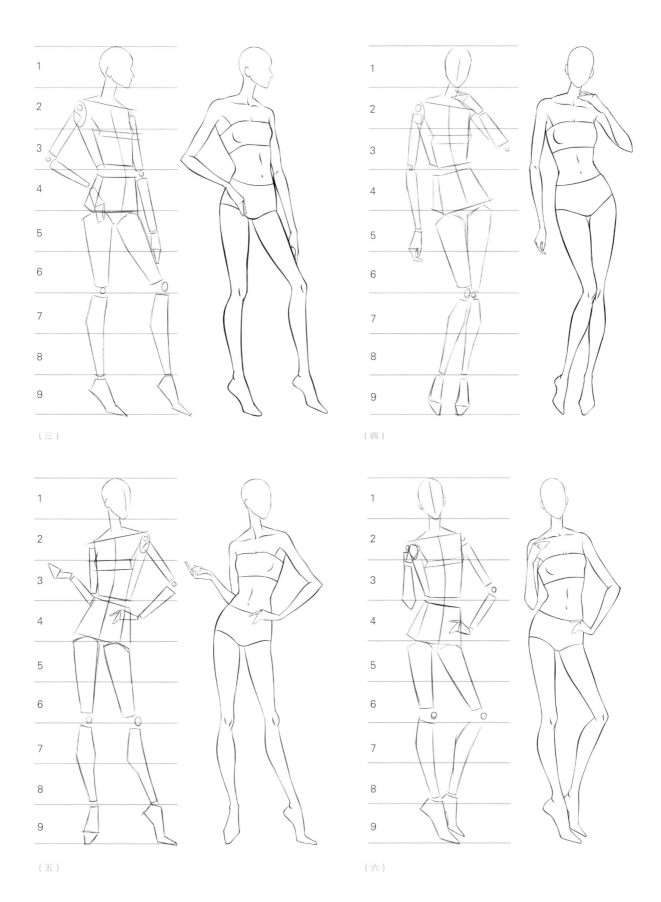

（三）

（四）

（五）

（六）

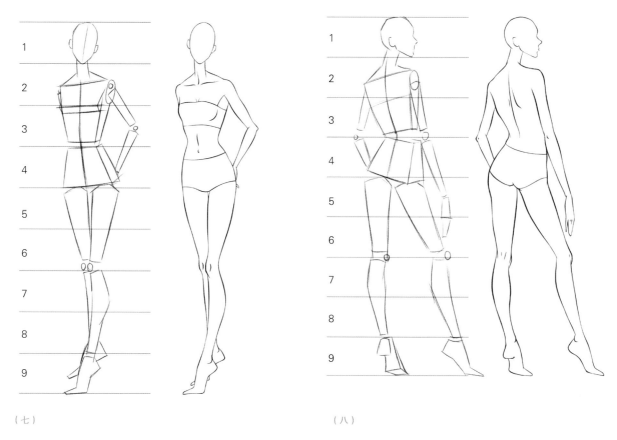

（七）   （八）

图3-22 半侧面女性人体动态设计

3. 动态设计的风格表现

女性人体的动态设计比较丰富，为了更好地表现服装，人物动态需要根据服装的整体风格与重点表现的部位来进行设计（图3-23）。

图3-23 女性人体动态设计的风格表现

（四）男性人体动态设计

1. 动态设计与绘制表现过程

男性人体动态设计与绘制表现的过程，一般可以细分为6个步骤（图3-24）。

① 确定等距水平线

在纸上合适的位置，确定出人体头顶与脚底的位置，并画出水平线，在两条水平线中间画出等距离的8条水平线，将之分为9等份，每一等份代表一个头长。

② 确定头形与基本动态线

在第一个头长里绘制一个椭圆的头形，在第二个头长中间画出肩线，在第二个头长下边线画出胸线，在第三个头长下边线下的1/3处画出腰线，在第四个头长下边线画出臀线，构成人体的四条动态线。从头部下面画出脖子，与肩线相连，脖子中间与肩线的交点作为人体的锁窝，这是重心线与中心线的起点，画出一条垂直的重心线，再根据人体动态线的变化规律，在肩线与臀线之间设计一条人体中心线，这些线条的组合，便形成了人体的初步动态。

③ 用几何块面概括人体躯干

在人体动态线上确定出人体的宽度，将人体的躯干与下肢，按照男性服装人体的正确比例，用概括性的几何块面对人体动态进行简单的归纳与组合。注意两条腿因前后关系，使其形成大小、长短上的不同，处理好人体的整体与局部的比例关系。最终绘制完成从头到脚的基本动态关系。

④ 用几何块面概括手臂动态与手的基本形态

躯干的动态确定好后，同样用几何块面画出手臂的动态。最后归纳出手部的基本形态，使服装人体的动态设计更加完整生动。

⑤ 绘制人体动态设计的草图

确定好基本动态后，在动态草图上，根据人体的基本结构关系，用铅笔轻轻将人体的外形勾勒出来，完成人体动态设计的草图。

⑥ 整理线条

用铅笔或勾线笔画出干净流畅、概括凝练的线条，将人体完整地勾画出来。在绘制的过程中，运笔方向与线条的粗细、虚实等笔触变化，需要遵循人体的结构与变化规律，线条的变化可以适当强调男性骨骼与肌肉的轮廓感，使人体表现更加阳刚有力。

首先，男性人体表现需要符合男性的体形特征，面部方正，脖颈与面部基本同宽，盆骨较窄，肌肉和骨骼结构明显。其次，男性动态设计依然符合女性动态的基本规律，但动态幅度适中，不宜过于夸张，不然则显得女性化，动态设计更加注重整体的平衡性与稳重感。

2. 正面和半侧面男性人体动态设计

人体的正面和半侧面，往往可以更好地展现服装的全貌与设计重点，因此，也是设计师在设计人体动态时常用的角度（图3-25、图3-26）。

3. 动态设计的风格表现

男性人体的动态设计比较丰富，为了更好地表现服装，人物动态需要根据服装的整体风格与重点表现的部位来进行设计（图3-27）。

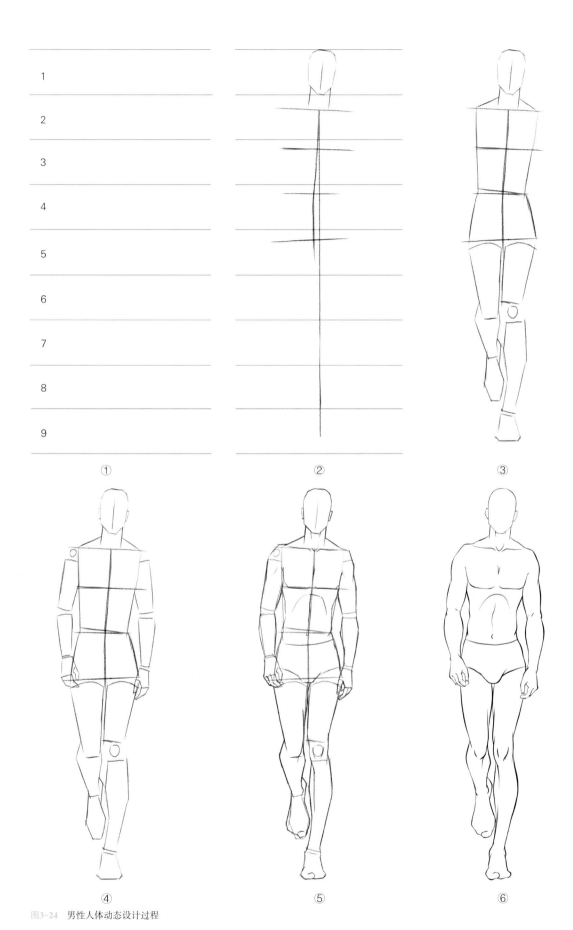

1

2

3

4

5

6

7

8

9

① ② ③

④ ⑤ ⑥

图3-24 男性人体动态设计过程

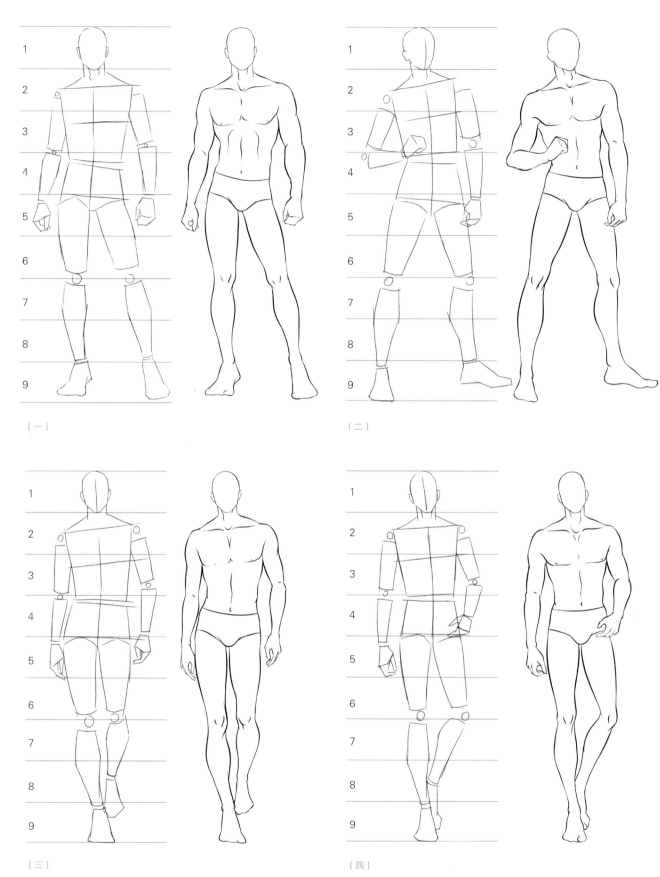

（一）　　　　　　　　　　　　　　　　　　　　　（二）

（三）　　　　　　　　　　　　　　　　　　　　　（四）

图3-25　正面男性人体动态设计

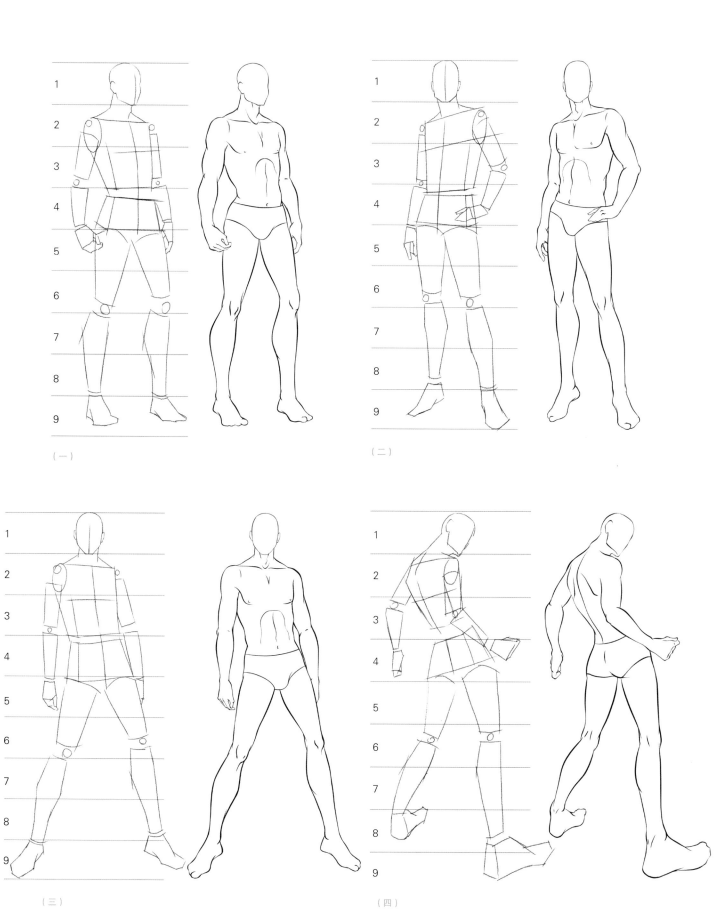

（一）

（二）

（三）

（四）

图3-26 半侧面男性人体动态设计

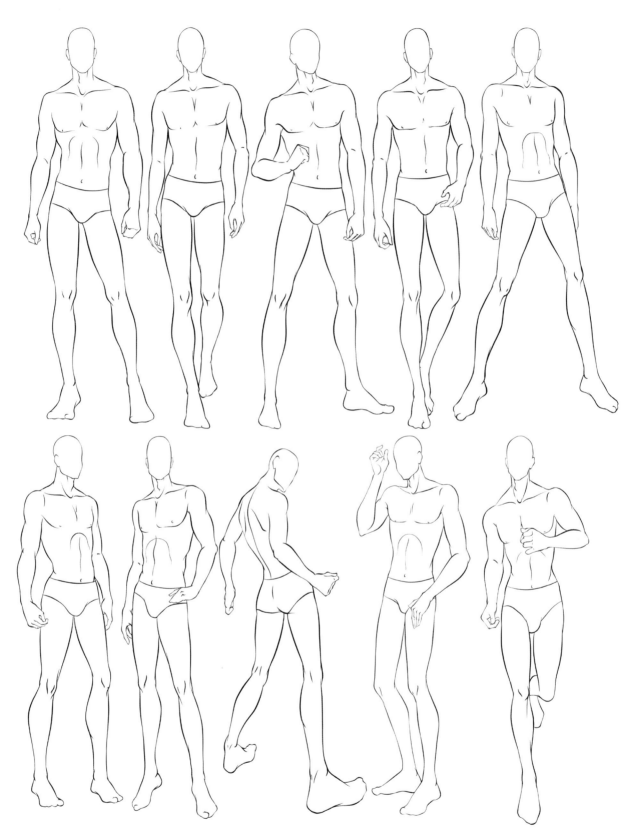

图3-27 男性人体动态设计的风格表现

四、人物头像与饰品的表现

（一）头形与五官的基本比例

我们一般按照五官与面部的整体比例关系，将面部分为"三庭五眼"。"三庭"，即从发际线至眉骨为上庭，从眉骨至鼻底为中庭，从鼻底至下巴为下庭。"五眼"，即把脸的宽度五等分，每一等份为一个眼睛的长度。

一般成年人的正面视角，三庭约等长。在绘画人物效果图时，会将眼睛适当夸大，左右两侧的宽度可以小于眼长或忽略不计，因此，左右眼距与左右眼长大约相等。

1. 正面头形与五官的基本比例（图3-28）

① 确定头部的几何框架

先绘制一个长宽比为 4:3 的矩形，确定头部长、宽的基本比例，再连接矩形的长、宽中点，分别将矩形上下、左右进行等分，其中，矩形中的垂直中线为面部对称中线，水平中线为眼睛位置的水平辅助线。

以矩形的宽度为直径，在矩形的上方绘制一个正圆形，与矩形的三边相切。

正圆形与水平中线的左右交点处，适当留出耳朵的宽度，在水平中线的下方绘制一个左右对称且上宽下窄的六边形。

② 确定五官的位置与比例

上方正圆半径的 1/3 处为发际线，发际线到下巴平均分为三等份，分别确定为眉骨和鼻底的位置，将面部上下分为上庭、中庭和下庭三个部分。

发际线到眉骨为上庭，眉骨到鼻底为中庭。耳朵位于面部左右的中庭区域。

鼻底至下巴的 1/3 处确定为嘴巴的位置，鼻底至下巴的 1/2 处为下唇边缘。

将头宽 5 等分，确定眼距宽度，鼻子宽度为一个眼宽。

③ 细化面部五官

在头部几何框架与五官位置的基础上，细化头部轮廓与五官的大致形状。

2. 侧面头形与五官的基本比例（图3-29）

① 确定头部的几何框架

先绘制一个正圆形，经过圆心画出两条相互垂直的十字交叉线。

将垂直线平均分为六等份，其中，从头顶向下的 1/6 处画出水平线，确定为发际线，发际线向下的 2/6 处画出水平线，确定眉骨的位置，发际线到眉骨之间为上庭。

眉骨向下的 2/6 处画出水平线，确定鼻底的位置，眉骨到鼻底之间为中庭。

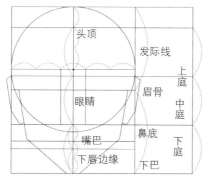
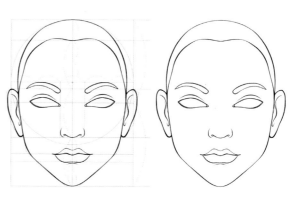

图3-28　正面头形与五官的基本比例

继续将垂直线向下延长到下巴，并画出水平线，鼻底到下巴之间为下庭，使上庭、中庭与下庭的长度相等。

② 确定五官的侧面轮廓辅助线

将中庭分为四份，从上往下取其中的1/4，画水平线，与圆相交，作为眼睛的位置。交点向下做垂线，与下巴水平线相交，确定下巴的位置。中庭从下往上取其中的1/8，画水平线，为鼻尖的水平位置，确定鼻子高度，分别连接上下的交点。

中庭的另一侧为耳朵。

将下庭分为三份，从上往下取其中的1/3，画水平线，确定嘴巴与下颌骨转折角的水平线。

最后将耳朵底部、下颌骨转折角与下巴相连接。

③ 细化面部五官

在头部几何框架与五官位置的基础上，细化头部轮廓与五官的大致形状。

需要注意的是，嘴角与下颌角在同一水平线上，鼻底与耳垂在同一水平线上，眉眼斜线与鼻唇斜线平行，外眼角到耳唇与嘴角的距离相等。

儿童和成年人由于生长发育的不同，头部与五官比例不同，成年男性与成年女性由于面部骨骼与皮肤线条不同，脸型与五官形态也有差异。

3. 儿童到成年人头型与五官比例的变化（图3-30）

幼童没有发育完全，头部和脸型圆润，额头较大且凸出，三庭较短，五官主要集中在面部中线以下的位置，鼻子上翘，下巴到脖子脂肪较多，线条柔和。少年后由于骨骼发育完全，额头往回收，中庭变长，眼睛变小，相比幼年，五官处在中线偏上的位置。

成年男性头骨体积较大，面部整体线条硬朗，棱角分明，额头向后倾斜，眉弓和鼻骨显

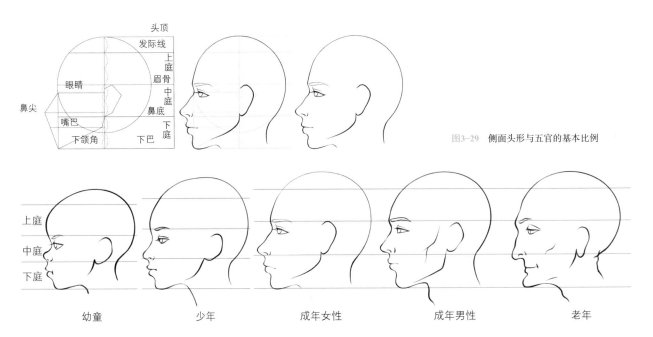

图3-29　侧面头形与五官的基本比例

图3-30　儿童到成年人头型与五官比例的变化

著，鼻子直立，眉毛距离眼睛较近，下颌骨转角明显，下巴较宽，脸型偏方，眉毛黑浓，脖子较粗，与面部宽度接近。成年女性头骨体积较小，面部的整体线条流畅柔美，额头圆润，五官精致，眉毛和眼睛距离比男性大，下颌骨转角缓和，下巴较窄，脖颈修长。老年人则由于嘴巴内缩，下颌角转角平缓，脸部肌肉松弛，骨骼突出，胶原蛋白的流逝使脸部产生皱纹，鼻子、耳朵也会随之显得更大。

（二）五官的表现

人的面部五官包括眉毛、眼睛、鼻子、嘴巴和耳朵。画任何一个五官之前，都必须了解它们的结构特征与基本形态。

1.眉毛的表现

眉毛由眉头、眉腰、眉峰和眉尾四部分构成。眉毛是沿着眉骨生长的，眉毛不同部位的毛发生长方向也是不同的，眉毛内侧 1/3 的眉毛向上生长，眉体沿水平方向生长，眉尾则向下生长。由于头部的转动方向不同，左右对称的眉毛也会呈现不同的透视关系，如正面的眉毛，从靠近印堂处向上至眉长 2/3 处自然下斜，半侧面的眉毛弧度加大，前后比例相等，侧面的眉毛靠近印堂，眉尾加长下弯。

眉毛需要依据眉骨结构来刻画，一般男性眉毛粗犷浓密，女性眉毛清丽修长。

眉型是眉毛的轮廓和结构，可以根据个人喜好与妆面风格进行设计，如挑眉、飞羽眉、柳叶眉、远山眉、野生眉、上扬眉、剑眉、欧式眉、刀眉等。在绘制眉毛时，一般先按照需要的眉型铺出一个浅灰色的底色，再按照不同部位毛发的生长走向与规律，在底色上用单细线进行填充，注意眉头和眉尾稍重，中间稍轻，过渡自然，使眉毛整体自然饱满（图3-31）。

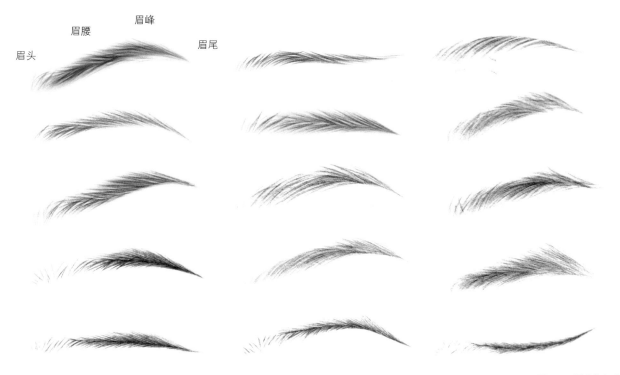

眉峰
眉腰
眉头
眉尾

图3-31 眉毛的表现

第三章 服装设计效果图的人体表现 **077**

2. 眼睛的表现

眼睛是人物头像的精髓，也是五官中最难塑造的部分。

眼睛由眼眶、眼球、眼白、虹膜和瞳孔构成。

绘画眼睛时，通常将眼睛分为上眼睑、下眼睑、内眼角、外眼角、眼白、瞳孔、虹膜、高光、垂睑、卧蚕、睫毛等结构（图3-32）。

上眼睑的投影就是上眼睑的厚度，眼珠相当于球状体镶嵌在眼眶中，眼角和眼袋的结构呈一个三角形的形状，使眼睛更有立体感。眼睛的外形也会随着面部不同的角度发生变化，正面眼睛的外形相对比较完整，形状如同杏仁，半侧面的眼睛由于头部转侧的透视关系，眼球和内眼睑之间的空间按比例缩短，侧面的眼睛外形则呈三角形。

先在几何形的基础上勾线起形，再画出眼

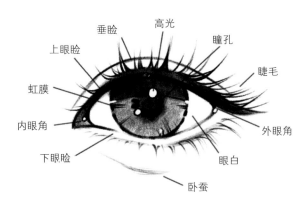

图3-32　眼睛结构

皮、上下眼睑的厚度，强调一下眼睑与内外眼角的穿插关系，找到眼球与卧蚕的位置，根据眼睛的结构，卡出重色，简单分出明暗关系，画出上眼睑的投影与眼球的体积感，最后刻画瞳孔细节、高光，添加上下眼睑的睫毛（图3-33）。

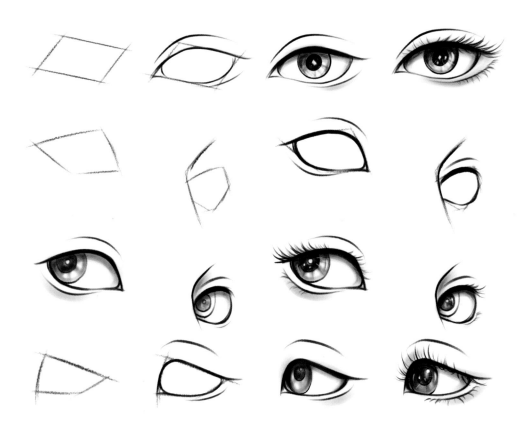

图3-33　眼睛的表现过程

通常人物的眉、眼很少独立来看，它们共同传达出人物的精神面貌。由于生理特征和表现风格不同，男女在眉眼的表现上存在一定的差异。一般来说，男性眉弓的骨骼转折面清晰，体块方而有力，有明确的棱角和转折，眉毛浓密粗黑，较为宽直，眼皮圆中带方，上眼线较平，下眼线偏长，少睫毛，眉眼距离较为接近，表现出一种粗犷有力的阳刚之美。女性的眉骨起伏平缓，眉弓不明显，眉毛带有一定的弧度且比男性的更加纤细，眼部弧线较多，眼形更圆润，眼神更清晰。

眉眼的表现可以根据个人喜好与妆面风格进行设计（图3-34、图3-35）。

图3-34　不同风格的眉眼表现（女）

图3-35 不同风格的眉眼表现（男）

3. 嘴巴的表现

完整的嘴巴造型由上唇、下唇、唇线、嘴角、人中和颏唇沟等构成（图 3-36）。

上下唇围绕牙床结构呈现为两个"W"型的弧型。上唇由位于中线的上唇结节以及两侧两条狭长肌肉结构组成，上唇结节将上口唇一分为二，唇线分明，突出于下口唇。下唇比较圆滑，由左右两个微突唇结节形成，两条狭长肌肉结构在中线处汇合。唇线是上下唇闭合时的交界线，由口唇缝隙、上口唇形成的投影和结构转折等几个因素构成，呈波状线。两端是嘴角，唇线和嘴角的变化形成了人物丰富的表情。人中位于上唇结节线的上部，是鼻子与嘴之间

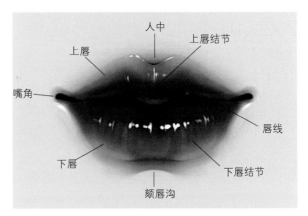

图3-36 嘴巴的结构

的凹槽。颏唇沟位于下唇的中心下部，是突出的口唇底部与下颏骨正面构成的弧形转折线。

嘴唇是立体的，唇节突起结构明显。绘制嘴巴造型时，首先通过辅助线概括出因结构与转侧

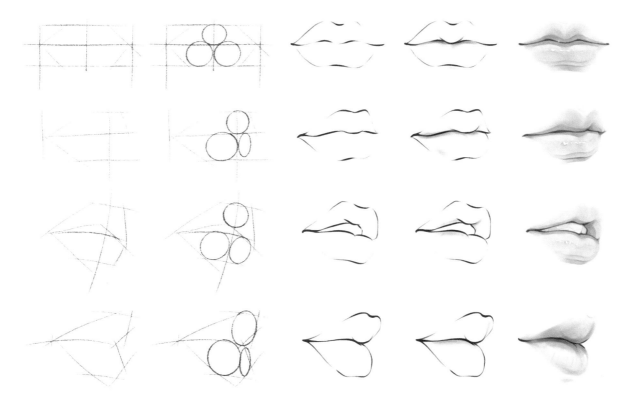

图3-37　嘴巴的绘制过程

角度而形成的唇部角度以及透视关系，
定出嘴唇上下左右的位置，再用几何形
确定上下唇结节的位置与大小，接下来
用弧线绘制出唇线与上下唇边缘，完成
嘴唇的基本轮廓，最后深入刻画出人中、
唇线、下唇边缘和颏唇沟。不必过于强
调上唇边缘，注意线条表现的轻重虚实，
根据嘴巴结构，简单铺设出中间实、对
比强，两侧虚、对比弱的明暗关系，画
出唇纹与高光等细节，塑造出嘴唇的质
感与体积感（图3-37）。

随着面部动态与视角的变化，嘴巴形
态也会发生丰富的变化，同时，嘴巴的表
现也会根据男女特征、个人喜好与妆面风
格等进行个性化的设计（图3-38）。

图3-38　不同形态的嘴巴表现

4. 鼻子的表现

鼻子是脸部最突出的部位，由鼻根、鼻梁和鼻头三个主要部分构成（图3-39）。

鼻根与眼部的转折和对比关系较明显，但不能过于强调，以防削弱眼睛的表现效果。

鼻梁的表现在于抓住鼻梁中线与其侧面明暗交界线的深浅变化，把鼻子的结构与立体形态表现出来。

鼻头包含鼻尖、鼻翼、鼻孔与鼻中隔，鼻头有明显的明暗交界线和反光，是鼻子表现的难点，绘画时，注意它丰富的明暗关系和虚实变化。

为了更好地理解鼻子的结构，可以将鼻根概括为一个倒梯形立方体，将鼻梁理解为长方体，将鼻头理解为球体，将鼻梁和鼻头概括为一个正梯形立方体，鼻子就是由这两个几何体拼合而成的。鼻孔位于正梯形立方体的底部，也叫鼻底。

绘制鼻子时，可以先用辅助线确定鼻子整体的高度与宽度。根据鼻子的基本结构，用上下两个立体几何梯形切出鼻根、鼻梁和鼻头的位置，找到鼻底与鼻孔的位置与形状，注意鼻底各个部分的穿插关系。接下来在鼻子大致形体的基础上继续深入勾勒出鼻子的线稿，注意通过线条的虚实变化，表现出鼻子结构的起伏转折关系，交代出明暗交界的部位。最后用概括化的方法，简单铺设出鼻子块面的明暗关系，塑造出鼻子的体积感（图3-40）。

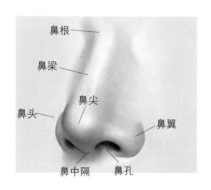

图3-39　鼻子的结构

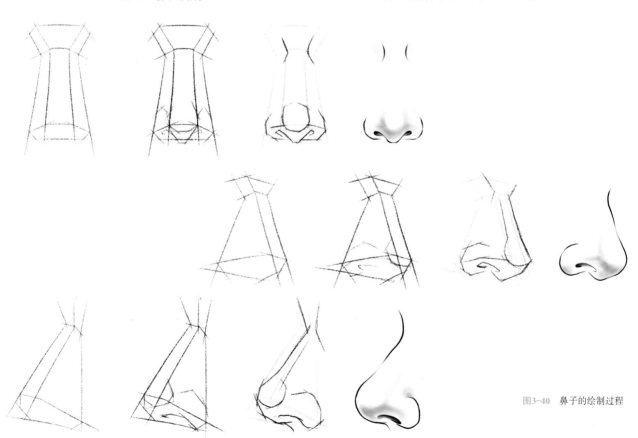

图3-40　鼻子的绘制过程

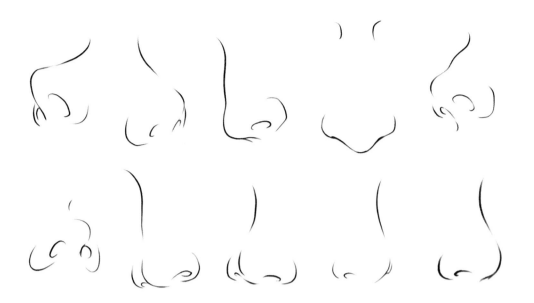

图3-41 不同形态的
鼻子表现

通常男性鼻梁挺拔笔直，转折明确，鼻头宽大，鼻翼的外形偏方，鼻翼沟明显。女性鼻梁纤细秀气，起伏小，转折柔和，鼻头圆润，鼻翼外形偏圆，明暗交界线过渡柔和，暗部反光强。儿童的鼻梁不够立体，鼻头圆润。除了男女鼻子生理结构的差异，随着面部动态与视角的变化，鼻子形态也会发生丰富的变化（图3-41）。

5. 耳朵的表现

耳朵位于头部两侧，高度和长度大致与鼻子相当，由耳屏、耳轮、对耳轮、内耳轮、耳甲腔、三角窝和耳垂等构成。

耳朵大部分由具有弹性的软骨组织构成，外部形态呈不规则的壳状，上宽下窄，方中有圆、圆中带方，有明显的边缘线，内部呈凹型碗状体，且部分隆起，所以耳朵的外轮廓与内部结构一定要按照其结构变化画出体积感。耳朵各部位形体因头部转侧发生的透视变化而产生长短、深浅、虚实等变化。

绘画耳朵时要先从最为概括的大形着手，再逐步深入刻画内部细节（图3-42）。

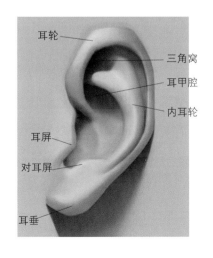

耳轮
三角窝
耳甲腔
内耳轮
耳屏
对耳屏
耳垂

侧面角度　　　正面角度　　　背面角度

图3-42 耳朵结构与
表现

（三）头发的表现

绘画头发，一般按照从整体到局部的过程，大致分为四个步骤（图3-43）。

1. 确定发际线的位置

根据头的透视角度绘制头形，画出"三横一纵"的头部动向线，确定发际线的位置。

2. 概括头发外轮廓

根据目标发型，即长发、短发、直发或卷发等，用几何形状画出大致框架，注意发型不同，头发与头皮之间的空间关系也不同。

3. 头发分组

根据头发的生长规律和不同发型的特征，以大区块面的方式将头发进行分组，大概呈现出头发的立体感与层次感，理清上下层级的关系。分组时注意组与组之间的头发分配不要过于平均，要抓住发型的主要特征，根据头发的基本框架与分组情况，绘制初步的草图。

将每一组头发进行位置与空间感的深入与细化，主要从体块角度去区分头发的分组关系与前后层次，交代出每组头发的大体走向和不同组之间的穿插关系，线条多以长线为主，区

图3-43　头发的表现过程

图3-44　正面黑白头像表现

分每组头发的疏密关系与虚实、主次对比即可，不必纠结发稍或碎发的细节。

4. 精细刻画

精细刻画头发发丝的细节与整体质感，通过线条笔触的粗细和深浅，形成一定的虚实与明暗光影，交代清楚头发不同分组结构之间的上下层次关系，通过运笔的方向，体现头发的走向与发型的基本特征，必要时可以用零散的发丝线条对发组破形，使头发更加立体形象。

（四）头像的表现

头像的表现要避免公式化、概念化，绘画者需要具备一定的造型能力与审美能力，经过长期训练，积累经验，做到线条干净简洁、自然流畅，人物造型生动形象、形神兼备，注重人物神态与内在情绪的刻画，使头像的表现成为服装效果图的点睛之笔。

服装效果图人物头像的表现，首先是画面构图与头像风格的构想，人物头像需要与服装设计的风格与人物的动态特征相协调，通过头像的刻画，强化服装设计的特色与整体画面的艺术效果。其次，用铅笔草图初步定形，根据头部的视角与透视关系，运用辅助线画出头的基本轮廓，找准面部的五官位置、发型以及头、肩比例与结构关系等。接下来，就是对头像的深入刻画，在把握整体关系的基础上，通过线条表现头像不同部分的明暗、虚实等细节，区分主次，突出重点。最后，对整体画面进行调整，使画面的总体效果更趋完整，这既是深入也是概括，也可以说是做减法的过程，将琐碎的细节进行归纳与取舍，注重画面整体的大关系（图 3-44、图 3-45 ）。

图3-45　不同风格的头像表现

（五）服饰品的表现

服饰品是指除了服装以外，所有穿戴在身上的东西，包括鞋、帽、袜、手套、围巾、眼镜、领带、提包、发饰以及可以表达服装设计整体效果的道具等。在服装设计的过程中，配饰与服装相搭配，与整体风格相协调，可以起到强调、点缀、平衡、烘托与锦上添花的作用，使设计作品更加完整。

在绘制服装效果图中的服饰品时，除了需要对饰品的结构、功能、色彩、质感等有较准确的理解，更重要的是通过简洁有力、概括流畅的线条对服饰品的主要特征与细节进行深入表现，把控好与服装整体关系上的主次、虚实等关系。

1. 鞋子的表现

鞋子与脚的关系十分密切，鞋子是穿在脚上的，因此鞋子的表现需要根据特定人物动态中脚的角度与形态、鞋与脚的空间关系，以及鞋子的款式、材质等特征进行刻画。如穿平底鞋的脚面相对较短，脚掌较宽，穿高跟鞋的脚面较长，脚掌较窄，随着脚关节的弯折，鞋面相应部位产生挤压与褶痕变化，行走动态中，前脚大而实，后脚小而虚等（图3-46）。

图3-46　鞋子的表现

2. 箱包的表现

在服装效果图中，箱包的出现会使人物的动态更加丰富自然，强化服装设计的整体功能性，也能丰富画面的效果。

箱包的款式多种多样，根据款式特征，可以分为腰包、双肩包、单肩包、手拿、胸包、手提包、斜挎包、拉杆包等，无论选择什么样的款式与风格的箱包，都需要与服装的整体风格相互协调。在表现的过程中，因人物动态的不同，包也会发生不同的透视变化，需要注意箱包的造型形态与手部动态的协调（图3-47）。

图3-47　箱包的表现

图3-48 头饰的表现

3. 头饰的表现

头饰指戴在头上的饰物，与人体其他部位的装饰相比，头饰装饰性最强。

头饰的款式和风格很多，包括发饰和耳饰，如帽子、发冠、鲜花、头纱、额饰、发夹、发簪、发箍、耳环、耳坠等，根据不同的款式选用不同的材质与装饰，如钻石、珍珠、水晶、蕾丝、网纱、缎面、鲜花、亚克力、丝绒、金银、流苏、羽毛等。

头饰通常根据发型特征与服装的整体风格进行设计，效果图中的头饰表现，可以强化服装的整体风格特征，增添人物的表现力（图3-48）。

一、服装与人体的空间关系

（一）服装空间

服装是附着在人体上并具有一定空间感的立体形态，需要借助一定的空间才能展现出来，而服装设计也是从设计师头脑中的三维空间构想到二维平面的表现，再到三维空间形态呈现的过程。因此，服装本身就具备空间的概念，服装形象也可以理解为服装与人体以各种不同空间关系的变换而表现出来的造型艺术。

对于服装空间，可以从两方面去理解。首先，人或服装作为有形实体，与自然界任何物体一样，皆以自身存在的形态占据一定空间，给人以不同的空间体验，这种实体虽然在长、宽、高三个维度的大小或形态上存在各种差异，但在自然空间的占有关系上，可对其适当量化。其次，服装是人、衣以及人衣关系共同构成的空间概念，人的身体作为衣服的空间内容，与之形成特定的空间关系，即服装的内空间。衣服作为以人为中心的外部形式，造型与结构设计皆以人为基础，通过与人的身体在内部空间的关系处理与设计上，形成特定的外部空间。人可以体验服装，也可以随时从中抽离，这时服装便成为一种相对独立的"空心"存在，占据一定空间的同时，也产生一定的空间，使这种空间体验呈现出复杂性与多样性。人与衣以这种紧密而特殊的存在方式与空间关系，共同表达了服装空间的审美意义。因此，了解人体与服装立体空间的相互关系是完成服装设计的前提。

（二）松量设计

人体与服装之间的空隙量是决定服装立体空间形态的关键，也是决定服装外部廓型的重要原因。人体与服装之间的空隙量，除了因面料重力而产生与人体局部体表贴合的因素以外，更多的是通过人为控制或干预服装整体或局部的放松量而产生的。

服装与人体之间因放松量设计的不同而呈现出不同的服装空间状态。我们可以将呈现不同服装空间状态的松量设计分为三种类型（图4-1）。

1. 零松量设计

服装形态与人体保持一致（如内衣类）。

2. 负松量设计

服装切入人体表面（如弹力泳衣、弹力针织紧身衣类）。

3. 正松量设计

服装形态与人体产生一定距离（如合体类、宽松类等）。

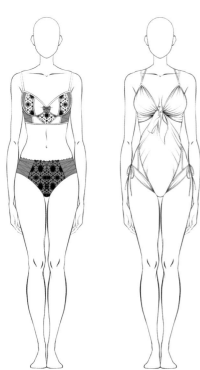
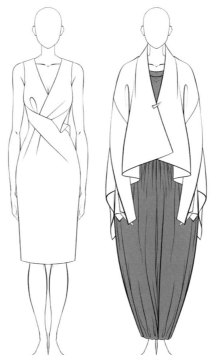

零松量设计　　　　负松量设计　　　　　　正松量设计

图4-1　服装与人体的空间关系

二、线条的表现

　　线条是各种绘画形式中最基本的造型语言，服装效果图的线条要求对人物与服装特征高度提炼与概括，用简洁有力、自然流畅的线条传达出设计的丰富情感。

　　在服装效果图的具体表现过程中，可以将线条的表现形式归纳为三种类型：

（一）均匀线

　　均匀线一般用勾线笔、钢笔等进行勾勒，粗细均匀，干净流畅，借助线条的长、短、直、曲、折等丰富的变化，使画面更加细腻精致，充满艺术情趣，适合表现柔软光滑的服装质感（图4-2）。

图4-2　均匀线的表现

（二）粗细线

粗细线一般用毛笔、铅笔或钢笔等进行勾勒，应注重线条的粗细变化，刚柔并济，虚实结合，生动多变，使服装表现更具张力。粗细线适合表现厚重而具有体量感的服装，可以较好地呈现出服装的空间感与立体感（图4-3）。

图4-3　粗细线的表现

（三）不规则线

不规则线借鉴了青铜器、壁画、书法等中国传统艺术中的线条风格，运用毛笔侧峰或运用钢笔、铅笔等进行勾线。勾线中通过运笔的自然抖动，在表现服装整体或局部造型的同时，形成古拙苍劲、浑厚有力等具有丰富立体质感的肌理效果（图4-4）。

三、服装衣纹的表现

线条是服装效果图的表现力的重要要素，通过衣纹表现的其实是人体结构。明确人体结构的凹凸起伏变化，以及透视原理，是表现衣纹的关键。服装效果图除了对人物本身的刻画，还需要通过流畅简洁的线条概括出服装面料的质感、服装的基本结构与造型特征，以及服装在不同人体动态中不同部位的变化规律。因此，需要设计师通过长期观察与大量的练习，理解与掌握衣纹的产生原理与表现方法。

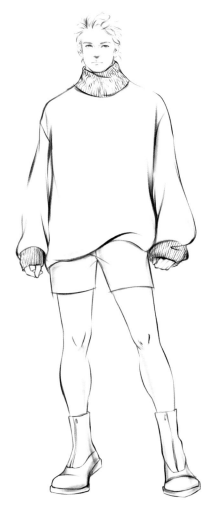

图4-4　不规则线的表现

(一)衣纹的产生规律与组织布局

每一条衣纹的出现都是由人物的形体结构产生的，衣纹的表现需要根据人物的动态规律与面料的质感设计线条的变化形式，调整线条的方向与笔触。根据衣纹产生的原理，可以把动态中的人体想象成不同几何块体的组合，骨点支撑的地方不画衣纹，在块体发生扭动的部位，可顺着衣纹形成的方向适当添加衣纹。在衣纹线条的组织布局上，衣纹线条要准确表现出布料的受力方向，不可平行分布，应注重线条的长短、疏密、松紧、粗细、虚实、节奏等变化，衣纹之间要呈现前后遮挡、上下叠压的结构关系，深入刻画时，需要规划取舍，忽视琐碎细节，避免画面的凌乱和随意（图4-5）。

(二)衣纹的表现形式

1. 环绕式衣纹

环绕式衣纹常见于较为紧身的服装局部围绕圆柱体结构的部位，通常在人体的衣领与脖颈，衣服与躯干，以及衣袖、裤腿与四肢的表现上，如卷起袖子或拢起裤腿时，在手臂或腿部由于布料的堆积与挤压，而形成不规则的横向衣纹，以及由于人体动态的缘故，腰胯扭动牵动衣服而形成斜向的衣纹变化等。

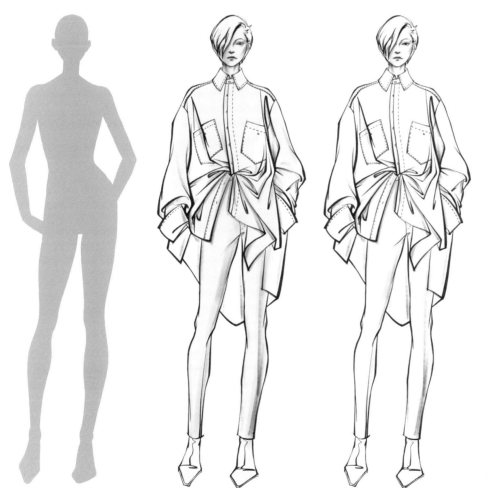

图4-5 衣纹与人体动态的关系

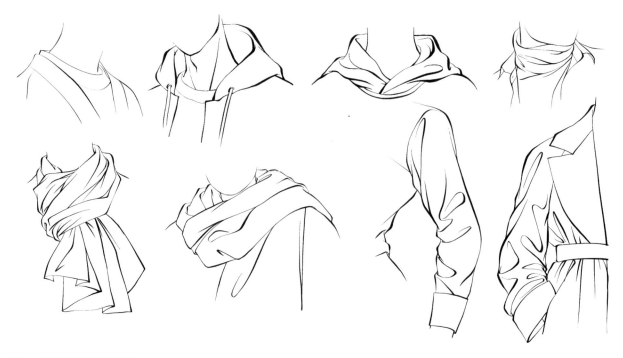

图4-6 环绕式衣纹的线条表现

环绕式衣纹由于紧贴人物特定结构，除了需要注意衣纹线条形式的转折、穿插、层次和叠加的变化，还要表现出衣纹自身的体积感，以及面料与人体形态之间的附着关系。

衣领处于头、颈、肩衔接的位置，在设计中处于非常重要的部位。衣领的款式变化丰富，分为对称设计和不对称设计两种，要正确体现出衣领围绕脖子的结构关系，以及衣领与肩部自然一体的舒适感，衣领的边缘线条需要强调衣领围绕脖颈转折时的面料厚度，交代清楚不同条线组合之间的穿插关系。

环绕式衣纹常用稍有起伏的曲线，并结合线条的轻重、长短变化，线条的表现形式宁方勿圆，可以更好地表现出体积感和透视关系，左右衣纹可有适当的交错呼应和形式上的变化，不可左右、上下的线条形式穿插雷同，衣纹表现避免平行与交叉（图4-6）。

2. 拉伸式衣纹

拉伸式衣纹是服装效果图中最常见的衣纹类型，通常由关节等结构高点，即受力点引起的衣纹走势，由受力点向外扩散或拉伸而形成，一般出现在肩膀、手臂和膝盖等有关节部位。当人体的手肘或膝盖等关节发生弯曲时，大量衣纹会集中在人体的某一个部位而形成拉伸式衣纹。穿着宽松服装时，因手臂与躯干的角度转折，多余布料在腋下形成大量从受力点向下排布的衣纹。手臂或腿部弯曲时，因人体的局部物理挤压与反向拉伸，布料在肘关节或膝关节集中处会产生大量的衣纹。

绘制拉伸式衣纹，用笔要干净利落，同时结合线条的长短、粗细与虚实变化，表现出服装局部与人体的结构空间关系，避免放射性或交叉型线条（图4-7）。

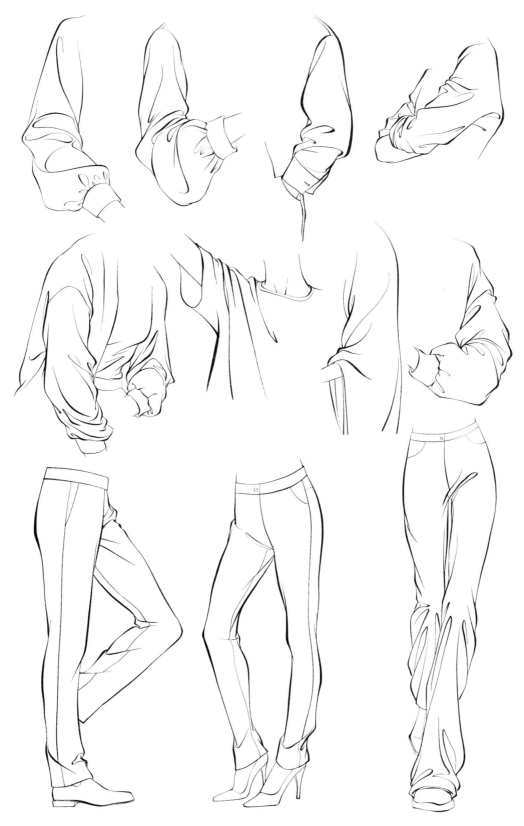

图4-7 拉伸式衣纹的线条表现

3. 堆积式衣纹

堆积式衣纹是指织物在人体特定转折处自然形成沉积和叠加而形成的衣纹，如较长的袖子在手腕处、阔腿裤在脚踝处形成折叠堆积的衣纹，宽松服装由于下摆或袖口收口而形成的蓬松堆积的衣纹等。堆积式衣纹的表现中线条的形式与变化不可符号化，要根据面料的软硬区别进行变化，避免衣纹线条外在形式的重复和雷同（图4-8）。

4. 自然垂褶衣纹

受到人体局部支撑受力的作用和布料自身重力影响，服装局部的放量设计形成向下展开的自然垂褶衣纹，线条在表现时要自然松弛、长短结合（图4-9）。

5. 装饰纹

装饰纹一般指服装内部的结构分割线、装饰明线、条纹、图案等具有装饰功能的线条与带有肌理感的纹路等，是服装在设计制作过程中就已经形成的。装饰纹通常需要结合面料质感、结构特征和人物动态形成的各类衣纹一起表现，并充分考虑衣纹的走向，控制其长短、虚实、粗细、间隔和朝向等变化（图4-10）。

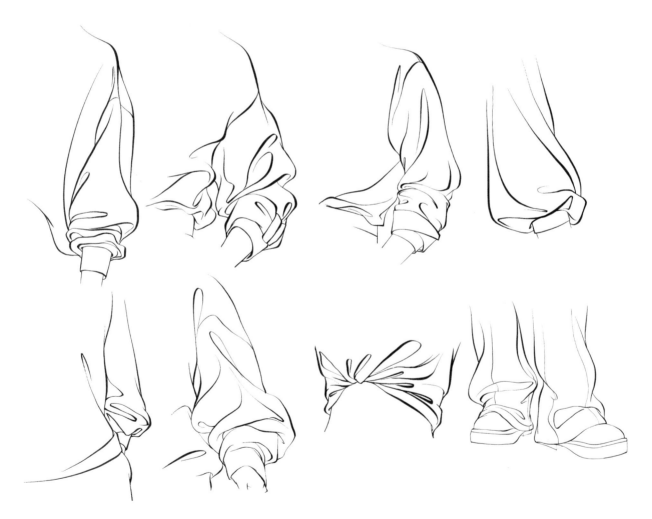

图4-8　堆积式衣纹的线条表现

图4-9 自然垂褶衣纹的线条表现

图4-10 装饰纹的
线条表现

四、人体着装的线稿表现

　　服装设计效果图，首先从绘制线稿开始，线稿对于服装效果图的最终呈现效果起到了关键性的作用。服装设计效果图以展现服装款式为目的，为了尽可能真实客观地表现出设计效果，服装设计效果图通常采用相对写实的手法进行表现。对于初学者来说，对时尚秀场、着装模特照片的写生临摹是掌握人体动态造型、

理解人体着衣规律的基础训练手段。

　　服装穿在人体上，由于动态不同，有的部位紧贴人体，有的部位与人体之间形成空隙，有的部位会出现衣纹，不同单品进行搭配，也会形成内外、上下的层次感与透视关系。另外，松量设计与服装款式造型不同、面料的软硬薄厚和悬垂度不同，即便在同一人体动态上，也会呈现出截然不同的效果。

（一）绘制线稿的步骤

　　绘制人体着装的线稿，将设计好的衣服穿在人体模特上，一般可以按照以下四个步骤：

1. 选择与绘制人体动态

　　根据服装的整体风格与设计重点，选择适合的人物动态，用正确的头身比例和简单的几何体块进行打形，概括出人体躯干与四肢的基本结构与透视关系，确定人物造型动态的基本框架。在这个起草的过程中，除了需要保持人物重心的稳定与动态线的平衡，其重点是人物动态与服装款式设计的高度匹配，如最希望表现的是服装的哪个角度，服装着重强调的细节设计在哪个部位，用什么样的人物动态可以准确、清晰、完整地表达出服装设计的整体风格与款式的设计亮点等。

2. 绘制服装的基本形

　　根据服装款式特征与面料的特性，用长线初步绘制出服装的基本外形，简单交代一下款式的大致造型与结构特征，确定服装与人体结合呈现的着装关系。

3. 刻画人物的裸露部分

　　刻画未被服装遮挡的头部、四肢等人物细节。

4. 深入刻画

　　深入刻画服装内部的结构线、衣纹线、装

饰细节等，用生动流畅的线条勾勒出完整的服装线稿。在绘制的过程中，注意服装款式与人物动态的合理性与协调感，对线条进行规划、组合与取舍，使线条的整体表现更加简洁与完整。

（二）绘制女装设计效果图线稿

本例选择走姿表现时尚运动风格的女装设计。

用 9 头身的比例，先将人体的躯干与四肢概括成简单几何体块，用铅笔对人物动态进行初步起形。接下来，在人体动态的基础上，大致绘制出服装整体的基本外形与款式的造型特征，呈现出正确合理的着装关系。

在草图的基础上，用勾线笔或铅笔精细刻画出未被衣物遮挡的部分，如头部五官、脖颈、手、腿与鞋子等。接下来，用清晰流畅的线条对服装款式进行深入刻画。本例中外套材质比较硬朗挺阔，线条需要刚劲有力，干净利落，下装裙子面料柔软，线条则轻盈自然，虚实结合。在绘制的过程中，注意内外衣物的层次关系和衣纹形态对服装质感的表现力，根据款式的结构与人物动态，对线条进行整合与取舍，使整体效果更加生动简洁。最后，画出针织袖口与外套松紧下摆的肌理，以及装饰明线、纽扣、绳带等细节。如果希望画面看起来更有层次感与立体感，可用铅笔侧峰在服装的暗面进行简单铺色（图4-11）。

① ② ③ ④

图4-11 女装人体着衣的线稿绘制过程

（三）绘制男装设计效果图线稿

本例选择走姿表现商务休闲风格的男装设计。

男性呈现肩宽胯窄的外形特征，躯干外形与整体比例也与女性存在差异，腰线位置比女性略低，四肢发达有力。

用9头身的比例，将人体的躯干与四肢概括成简单几何体块，用轻松概括的笔触对人物动态进行起形，然后在人体动态的基础上开始绘制线稿草图，大致表现出服装整体的基本外形与具体款式的造型特征，人物与服装初步呈

现出真实合理的着装关系。

在草图的基础上，用铅笔或勾线笔刻画出未被衣物遮挡的部分，如面部五官、眼镜、头发、脖颈、手与鞋子等。接下来，用清晰流畅的线条对服装款式进行深入刻画。服装面料挺阔有形，舒适柔和，笔触需要刚劲有力，线条舒展流畅、干净利落。在绘制的过程中，注意内外层衣物的前后层次关系，衣纹线条可进行适当整合与取舍，使整体效果更加生动简洁。最后，画出领带图案与局部装饰细节，用铅笔侧峰在服装的暗面进行简单铺色后，可使画面看起来更有层次感与立体感（图4-12）。

① ② ③ ④

图4-12 男装人体着衣的线稿绘制过程

（四）绘制童装设计效果图线稿

不同年龄阶段儿童的头身比例是不同的，按照以上参照女装与男装效果图线稿的步骤与方法，绘制出中童休闲装设计效果图的线稿（图4-13）。

图4-13　童装人体着衣的线稿绘制过程

下篇

应用篇

第五章 ｜ 服装设计效果图的色彩渲染技法与绘制过程

一、色彩渲染技法

绘制服装设计效果图可以运用传统手绘的色彩渲染技法，也可以借助绘画软件强大的功能，创造出更丰富的效果。

（一）传统手绘色彩渲染技法

传统手绘色彩渲染，即运用马克笔、水彩、水粉、彩色铅笔、油画棒等绘画媒介对服装设计效果图进行色彩渲染。

1. 马克笔技法

马克笔技法是一种比较快速便捷的色彩渲染技法。

（1）马克笔特点

马克笔具有色彩亮丽、着色便捷、笔触明显、携带方便等特点，绘制效果有较强的视觉冲击力。作为在纸质上手绘润色的一种绘图工具，马克笔着重于手绘的快速表达，画面效果鲜艳、透明、清新，逐渐成为设计师钟爱的上色工具。

马克笔的笔头一般分为宽头和细头两种。

其中，宽头马克笔可以绘制出清晰工整、边缘线明显的线迹，一般用于大面积润色，如果运用宽笔头侧峰，则可以画出纤细的线条，随着笔头方向与用笔力度不同，线条粗细可以发生变化。细头马克笔可以绘制出较细的线，线条柔和自然，上色时可以通过控制用笔力度形成粗细不同的笔触变化，适合表现细节（图5-1）。

（2）马克笔常用表现技法

作为最常用的快速表现绘画的工具，运用笔触进行渲染是最能体现马克笔表现效果的一

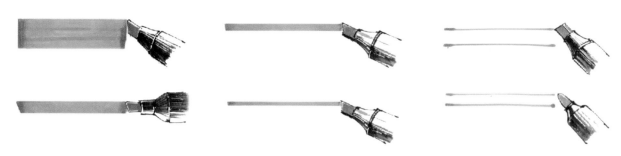

图5-1　马克笔笔触的控制

个特征。根据具体的需要，马克笔色彩渲染通常会用到平涂、揉涂、扫笔、色彩叠加等技法。

① 平涂，是马克笔上色的基本技法，可用于较大面积的背景或底色涂色，单色向一个方向平行排线，运笔要快，用力均匀，会留下明显的笔触痕迹，如图5-2。

② 揉涂，一般运用马克笔在画面中来回擦揉叠色，可以让着色区域更加均匀自然，笔触痕迹不明显，色彩过渡柔和，着色效果明显，如图2-5-3。

③ 扫笔，是马克笔的一种高级技法。快速运笔，重起轻收地扫笔，其线条本身已经产生了一种虚实和明暗的变化，一般用于表现色彩的自然融合或暗部的深浅过渡变化，如图5-4。

④ 色彩叠加，是马克笔技法经常用到的渲染技法。笔触可以通过由浅到深的同色叠加，形成渐变或强调明显的对比效果，也可以通过由浅到深的多色叠加，使画面色彩更加通透，或者通过多种色彩的混色叠加，使画面色彩更加丰富，生动鲜明，如图5-5。

（3）马克笔表现过程（图5-6、图5-7）

马克笔在绘图的过程中，对控笔的要求较高，运笔时手臂带动手腕，下笔要实，线条干脆有力，速度要快，不宜拖泥带水，运笔要流畅，注意起笔与收笔，用力要均匀，运笔方向随形体结构走，边缘线明显，笔触清晰工整，避免颜色暗沉发灰，叠色不可过多，强调明暗与虚实关系，同时根据绘画需要旋转笔头，使颜色在干之前，形成不同的笔触与叠加效果。

用马克笔表现时，运笔要准确、快速，笔触大多以排线为主，可根据实际需要有规律地组织线条的方向和疏密，灵活运用排笔平涂、单色揉涂、扫笔渐变、多色叠加、光影留白等方法。马克笔不具有较强的覆盖性，淡色无法

图5-2　平涂

图5-3　揉涂

图5-4　扫笔

图5-5　色彩叠加

图5-6　马克笔色彩渲染（一）

图5-7　马克笔色彩渲染（二）

覆盖深色，所以在效果图上色的过程中，应该
先上浅色后上深重色。涂色遍数不宜过多，应
在第一遍颜色干透后，再进行第二遍上色，否
则色彩会渗出而形成混浊之状，失去马克笔透
明和干净的特点。色彩选择以中性色调为宜，
忌用过于鲜亮的颜色。同时，马克笔还可以和
彩铅、水彩等工具结合使用。

在服装效果图的绘制过程中，通常先用固
有色顺着人体或服装的结构方向平涂（注意在
受光边缘或转折面进行留白），再用同色笔在阴
影部位进行叠加绘制，形成基本的三个明度关
系，最后选用重色细头笔继续刻画细节，突出
结构感与立体感，如果添加一些环境色，会让
画面的色彩变化与层次感更加丰富。

2. 水彩技法

水彩技法是以水为媒介，使用水和透明颜
料调和作画的一种绘画方法。

（1）水彩特点

水彩之所以受到服装设计师的青睐，是因
为它有着不可替代的透明性，具有表现快速、
颜色易干、色彩层次丰富、表现范围广的特点，
同时可与水彩、钢笔、铅笔、马克笔等结合使
用，使效果图更具丰富多彩的表现魅力。运用
水彩画技法能更有效快速地体现出设计构思，
让水彩画技法给服装设计表现注入新的活力。

（2）水彩常用表现技法

水彩技法主要以湿画法为主，其对色彩水分
的控制十分关键。水的流动性使画面淋漓酣畅、自然洒脱，水彩的透明性使水彩画产生一种清澈通透的视觉效果，结合"留白"，色彩在画纸上逐层渲染，塑造出丰富的层次感。

常用的水彩渲染技法一般有平涂、晕染、混色、接色、叠色、洗色、滴水、枯笔、撒盐、弹色、留白等（图5-8）。

①平涂：平涂是水彩渲染中最基础的技法，其他很多手法都是在平涂基础上进行创作的。毛笔蘸满水，笔尖取色调和，快速均匀铺完填色区域，平涂过程中需要一气呵成，干脆利落，不要重复取色，避免上色不均匀、留出硬边或产生水痕。

②晕染：在原来颜色的基础上，向过渡方向不断加水，将之前的颜色晕开，色彩变淡而形成渐变的效果。

③混色：先铺一个颜色，在色彩未干时往里面混合其他的颜色，不同颜色相互融合过渡，在底色不同湿度的情况下，颜色之间的混色扩散效果也不同，湿度越大，混色扩散越大，融合越自然。

④接色：在前面一个颜色未干时，衔接另一个颜色，两色自然过渡。

⑤叠色：在前面的颜色干了的时候，叠加另一个颜色，由于水彩的透明性，两色重叠部分呈现出两色相溶的新的颜色。

⑥洗色：先平铺一个颜色，等颜色干了的时候，用干净的清水毛笔在原有颜色的底色中洗出想要的形状。

⑦滴水：先平铺一个颜色，在色彩未干时，用笔尖往里面滴清水，清水局部扩散形成色彩变化。

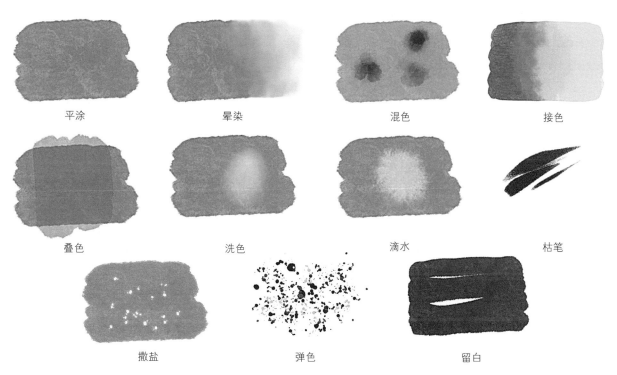

平涂　　　　晕染　　　　混色　　　　接色

叠色　　　　洗色　　　　滴水　　　　枯笔

撒盐　　　　弹色　　　　留白

图5-8 水彩渲染技法

⑧ 枯笔：用干的笔刷，在纸面上刷出干枯的笔触。

⑨ 撒盐：在含水量高的色彩区域内撒盐，待水干盐化后，形成类似雪花的特殊肌理效果，底色的湿度越大，盐的扩散范围越大，反之越小。

⑩ 弹色：用毛笔蘸取颜色，用手指将颜色弹在纸上，形成局部的颜色墨点。

⑪ 留白：在平涂的基础上，留出空白，使画面具有透气感，不会过于沉闷。留白一般分为两种情况：一是在底色的边缘留白，即在需要留白的区域贴上胶纸或留白胶，等平涂干透之后，将胶纸或留白胶除去，呈现纸的颜色。二是平涂时，控制上色区域，进行手动留白。

（3）水彩表现过程（图 5-9、图 5-10）

① 用铅笔在纸面上轻轻绘制出线稿。

② 在受光边缘适当留白，用水彩大笔触平涂出基本底色，为了避免中途颜料不够，此时调制出的底色量需要足够多。

③ 等底色干透后，根据设定光源，用第一遍调制的色彩直接在平涂的底色基础上绘制灰面。

④ 在调制的平涂底色基础上，加入少量深色，在灰面中找暗部，加强色彩的明暗与虚实，处理好光影关系下的体积感与人物结构特征。

⑤ 深入刻画暗部与细节，适当强调部分轮廓与背景，突出主体。

图5-9　水彩色彩渲染（一）

图5-10　水彩色彩渲染（二）

3. 彩铅技法

（1）彩铅特点

彩铅色彩细腻，价格便宜，使用方便，是一种很常见的绘画工具，并可与其他绘画材料结合使用。

彩铅分为油性彩铅、水溶性彩铅、色粉彩铅三类。其中油性彩铅笔芯硬度适中，不溶于水；水溶性彩铅笔芯相对较软，溶于水；色粉彩铅笔芯比较软，用于色粉画塑造。在服装设计效果图中，油性彩铅和水溶性彩铅使用率相对较高。使用彩铅进行色彩渲染表现，纸张的选择也尤为重要，纸张纹路、表面颗粒的粗细程度等都会直接影响作品的质感，一般采用素面纸或绘图纸。

（2）彩铅常用的表现技法

彩铅常用的表现技法一般有平涂排线法、叠彩法、水溶退晕法（图5-11）。

① 平涂排线法是运用彩铅均匀排列出铅笔线条，达到色彩一致的效果。

② 叠色法是运用彩色铅笔排列出不同色彩的铅笔线条，色彩可重叠使用，变化较丰富。

③ 水溶退晕法是利用水溶性彩铅溶于水的特点，将彩铅线条与水融合，达到退晕的效果。

水溶性彩铅属于半透明的绘画材质，除了具有普通彩铅的一般特点以外，色彩之间过渡柔和自然，表现力更丰富。但水溶性彩铅水溶后的透明度更强，对画面的干净整洁度要求更高。

水溶性彩铅的表现技法一般分为两类，一类是与普通彩铅一样的平涂排线和叠色，其表现效果精致细腻，另一类便是接近水彩渲染的水溶退晕。水溶退晕法色彩经过水溶后和水彩效果一样，但因该法浅色无法遮盖深色，需先绘制浅色部分，用水溶性彩铅填色或涂抹，再

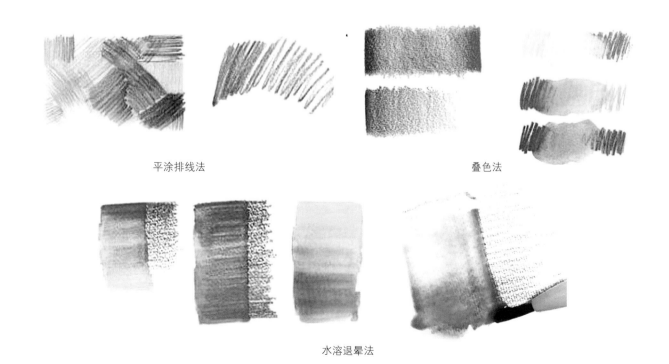

平涂排线法　　　　　　　　　　　　　　　叠色法

水溶退晕法

图5-11　彩铅常用技法

用水彩笔把彩铅晕染开，这样水溶后的颜色会更细腻浓郁，同时，色彩水溶后仍可在原底色上进行颜色的反复叠加，或者加强纹理效果。在服装设计效果图表现中，为了表达更加生动形象的画面效果，水溶性彩铅技法往往会与其他表现手法综合使用。

（3）彩铅表现过程（图5-12）

彩铅不宜大面积单色使用，否则画面显得呆板和平淡，其往往与钢笔、马克笔、水彩等工具配合使用。在实际的绘图过程中，先用铅笔或浅色彩铅勾画初稿，然后可以从局部入手着色，也可以从整体入手，利用叠色和混色效果，组合出丰富细腻的色彩变化效果，对画面进行深入刻画，直至理想为止，彩铅表现的整个过程注重色彩的搭配和冷暖关系。

（二）数码渲染技法

计算机时代下，数字化技术为服装设计带来了全新的创作方式，随着计算机技术在不同专业设计领域的普及与发展，运用数码手段进行辅助创作与表现已经成为一种趋势，无论是利用Windows视窗系统的CorelDRAW、Photoshop、Illustrator、Painter等电脑绘图软件，甚至借助3D、AI绘画生成技术进行辅助设计，或是在iPadOS系统使用Procreate绘画应用软件等辅助绘图工具，运用数码渲染技法绘制服装设计效果图，已经成为服装设计师必须掌握的一项基本技能。

数码渲染技法是设计师运用现代的计算机和数码技术手段，对传统手绘设计表现方式的

图5-12　水溶性彩铅的渲染效果

延续、发展和补充，也可以理解为是一种以绘画软件为工具，以鼠标或数位板为画笔，以电子屏为表现媒介的更先进更快捷的表现方式，其表现形式和艺术风格更加多样化，创作过程更加灵活、自由和便捷，便于修改与保存，在作品的表现力和丰富性上甚至可以超越纯手绘的设计作品（图5-13）。

二、人物肤色与色彩明度归纳

（一）人物肤色

选择或调制出理想的人物肤色，是服装设计效果图色彩渲染的第一步。

1. 马克笔常用肤色色号与配色组合

马克笔常用的肤色色号有 25、26、27、28、29、31、36、97、107、109 、131、132、133、135、139、172、173、174、356、357、358、359、360、365、367、369、370、373、378、379、382、407 等（图5-14）。

图5-13　数码渲染

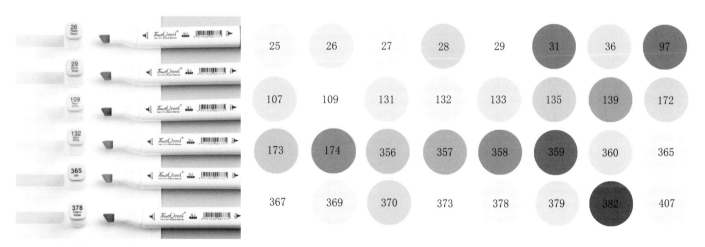

图5-14　马克笔常用肤色色号

具体色号的使用，可以根据不同性别、肤色的人群进行选择，同时兼顾整体画面设定的色彩倾向与表现风格，如女性肤色浅，男性肤色深，欧洲人肤色偏白，亚洲人肤色偏黄，非洲人肤色则比较黑。另外，肤色会随着夜晚、黄昏或环境光源等场景的不同而发生变化。

这里可以简单地给大家推荐一组马克笔肤色的配色色号组合。女性皮肤偏粉，用360号色平涂打底，356号色加深皮肤暗部，塑造立体感，357号色小面积刻画较重的阴影。嘴巴用358号色平涂打底，用359、382号色进行渐变叠加使用，逐渐加深，加强立体感，

最后点上高光。男性肤色则可以用172号色平涂打底，173和174号色进行逐层加深（图5-15）。

2. 水彩常用肤色调色

如果用水彩等颜料进行色彩渲染，肤色很少直接用现成的颜料颜色，一般会使用亮黄、土黄、深黄、朱红、胭脂等颜色混合清水调制而成，如果需要肤色再深一些，可在之前调色的基础上，加上一点蓝色，呈现出偏棕色的肤色，有时候受妆面、服装与环境色的影响，可以适当添加一些绿色或紫色，作为肤色的辅助色（图5-16）。

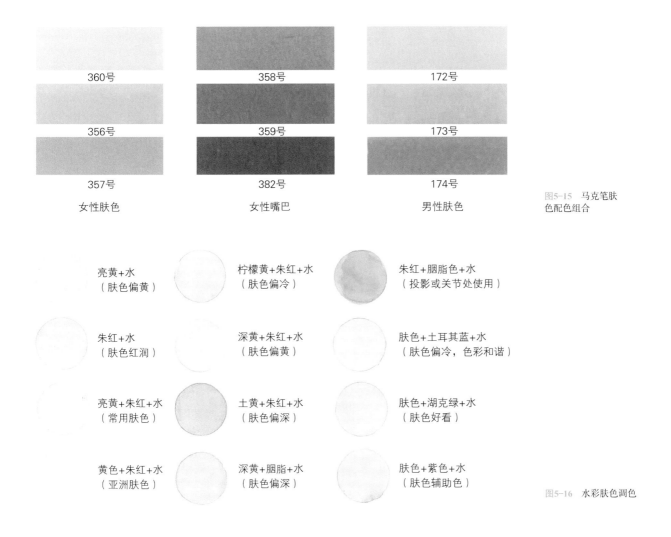

360号	358号	172号
356号	359号	173号
357号	382号	174号
女性肤色	女性嘴巴	男性肤色

图5-15 马克笔肤色配色组合

亮黄+水（肤色偏黄）　　柠檬黄+朱红+水（肤色偏冷）　　朱红+胭脂色+水（投影或关节处使用）

朱红+水（肤色红润）　　深黄+朱红+水（肤色偏黄）　　肤色+土耳其蓝+水（肤色偏冷，色彩和谐）

亮黄+朱红+水（常用肤色）　　土黄+朱红+水（肤色偏深）　　肤色+湖克绿+水（肤色好看）

黄色+朱红+水（亚洲肤色）　　深黄+胭脂+水（肤色偏深）　　肤色+紫色+水（肤色辅助色）

图5-16 水彩肤色调色

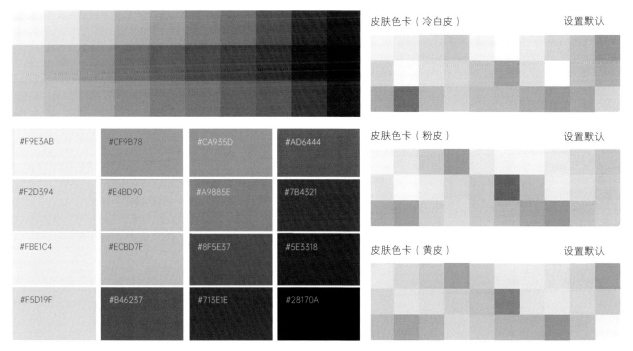

#F9E3AB	#CF9B78	#CA935D	#AD6444
#F2D394	#E4BD90	#A9885E	#7B4321
#FBE1C4	#ECBD7F	#8F5E37	#5E3318
#F5D19F	#B46237	#713E1E	#28170A

皮肤色卡（冷白皮）　　　　　　　　　　设置默认

皮肤色卡（粉皮）　　　　　　　　　　　设置默认

皮肤色卡（黄皮）　　　　　　　　　　　设置默认

图5-17　数码软件渲染的皮肤色

3. 数码肤色色卡

如果采用绘图软件的数码渲染，可根据具体需要，在设计色彩类网站下载或现有的色彩调色盘中选用适合的肤色色卡（图5-17）。

（二）色彩明度归纳

相较于强调艺术氛围与整体视觉效果的时装绘画，服装设计效果图更看重的是设计师的创作能力、设计水准与艺术修养，其主要目的是通过服装的着装形态与细节刻画，表达服装设计的想法。服装设计效果图整体要求人物造型准确，用笔简练流畅，色彩清晰明朗，具有一定的时尚感与艺术感染力，通常采用写实的手法表现人体的着装效果，但在色彩的渲染上不会过度追求写实效果，应对色彩的表现进行适度的归纳与简化，呈现既写实又简洁的效果。

在服装设计效果图中，我们可以设定光源后，将同一色彩按照从明到暗的变化规律分为三～四个等级（图5-18）。

图5-18　色彩明度归纳

（1）明度一级

明度一级的颜色最亮，通常在事物的受光
边缘或突起的部位，可选择同色系中较亮的颜
色或通过留白的方式表现。

（2）明度二级

明度二级的颜色较浅，基本上可以理解为
事物的基本色。

（3）明度三级

明度三级为背光面。

（4）明度四级

明度四级为深度阴影或处于背光面的结构
转折部位。

图5-20　透色法

三、添加背景的常用方法

（一）投影法

投影法是在人物主体的后面添加投影的一种
方法，运用电脑处理更方便便捷（图5-19）。

（二）透色法

透色法是作画前，在画布上用各种手法绘
制出大面积的背景，形成具有灵动透明的画面
效果（图5-20）。

（三）风景法

风景法是直接在背景上添加与主题贴合的
风景图片，为了突出主体，需要适当降低背景
图片的透明度（图5-21）。

图5-19　投影法

图5-21　风景法

（四）构成法

　　构成法是运用点、线、面的构成形式，形成简洁现代感的背景（图5-22）。

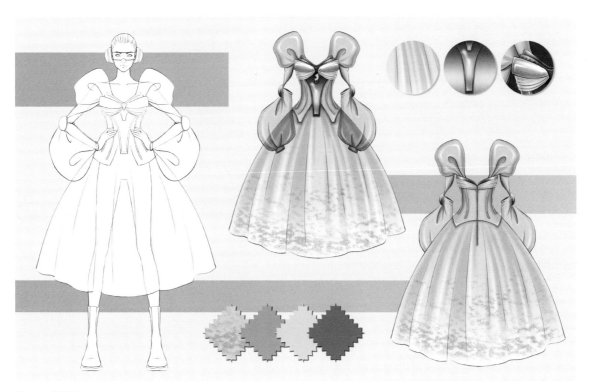

图5-22　构成法

（五）残缺法

残缺法是指经过艺术加工与处理，使背景内容呈现出残缺不完整的效果（图5-23）。

（六）图案法

图案法是用能贴合设计作品内容的图案作为背景装饰，更好地体现设计主题（图5-24）。

（七）单色法

单色法以单色作为背景，是一种最简单干净的背景设计方法（图5-25）。

图5-23　残缺法

图5-24　图案法

图5-25　单色法

四、服装设计效果图的绘制过程

服装设计效果图的绘制过程，通常可以归纳为以下几个步骤。

（一）绘制线稿

绘制服装设计效果图首先是从绘制线稿开始的。

线稿对于服装设计效果图最后的呈现起到关键性的作用，通过线条的粗细、轻重、转角等变化，可以轻松简洁地表达出服装的厚度、褶皱、立体感、结构特征与设计风格。

绘制效果图线稿通常先用铅笔起形，根据服装的款式造型与结构特点，在画好的人体模特基础上添加服装，擦去被服装遮挡住的人体线迹，最后完整流畅地勾勒出线稿。

需要注意的是，线稿勾线需要注意线条的色彩、粗细与虚实变化，如面部轮廓尽量选择接近肤色的浅色勾线，受光面要轻要虚，阴影暗部轮廓和体现结构转折的部位，勾线可以适当加重。在线稿的绘制过程中，线条的表现形式对不同服装材质的塑造也是很关键的，如丝绸质感的服装，线稿线条相对圆润，褶皱宽大柔和，高光较多且饱满流畅；表现硬挺材质的服装，线稿的线条直而有力，褶皱在转折强烈的地方，更容易挤压出尖锐的褶皱；表现厚重的服装，用线硬直，褶皱宽大，强调对面料厚度感和装饰物细节的表现（图5-26~图5-31）。

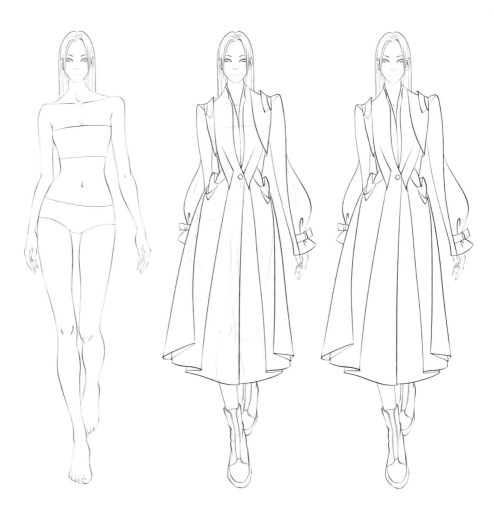

图5-26 线稿的绘制（一）

图5-27 线稿的绘制（二）

图5-28 线稿的绘制（三）

图5-29 线稿的绘制（四）

图5-30 线稿的绘制（五）

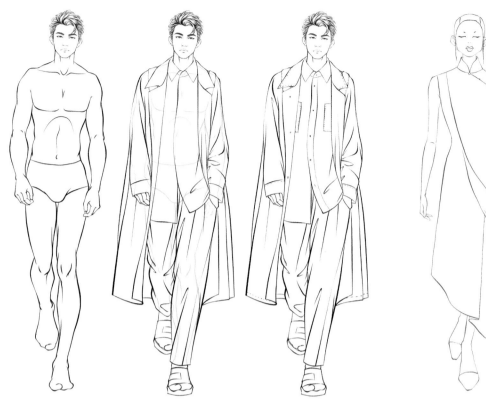

图5-31　线稿的绘制（六）

图5-32　平涂肤色与发色

（二）平铺人体与服装基本色

1. 平涂肤色与发色

（1）服装效果图上色，一般先从人物面部和四肢肤色开始。在绘制好的线稿上平铺人体肤色，如果肤色较浅淡，可在受光边缘适当留白。

（2）平涂发色，注意运笔方向与发型走向规律保持一致（图5-32）。

2. 平铺服装基本色

根据人体结构与衣纹方向运笔，平铺服装基本色，如果服装基本色较浅淡，可在受光边缘适当留白（图5-33）。

（三）初步表现明暗变化

服装设计效果图的色彩渲染力求简洁、概括与生动，在平涂的人体与服装基本色基础上进行色彩的明度分析，根据色彩明度归纳原理，将肤色和服装的明暗关系进行高度概括，提高一级明度，表现颜色的亮部，降低一级明度，表现颜色的暗部，呈现出至少三级色彩明度关系，初步表现人物与服装的明暗变化，使之呈现一定的体积感。注意笔触的大小、形状需要符合表现对象的结构规律（图5-34）。

（四）加强明暗与虚实对比，深入刻画细节

在已有的人物和服装的明暗关系基础上，根据服装的衣纹变化与光影关系，继续提亮高光，加深暗部，加强明暗交界线，深入刻画细节，在服装位于中间色的区域添加图案纹理，使画面更加生动逼真（图5-35）。

（五）添加背景，突出主体

为了烘托气氛，突出主体，给服装设计效果图添加适合的背景，可以起到画龙点睛，强化设计主题的作用。

根据人物和服装的整体风格与色彩基调，添加单色背景，为了使画面生动不呆板，可添加线框或签名（图5-36）。

图5-33　平铺服装基本色　　　　图5-34　初步表现明暗变化

图5-35　深入刻画细节

图5-36 添加背景

由于纤维构成与组织结构的不同，服装面料会呈现出不同的外观特征与风格质感，要想真实客观且形象生动地表达出服装设计的效果，对于服装面料的表现非常重要。

服装面料的原料通常为棉、麻、丝、毛、皮革和化纤等，根据纱线组织结构的不同，服装面料可分为梭织和针织两种，根据经纬纱线组织方式的不同，梭织面料又分为平纹、斜纹、缎纹等，根据服装面料外观特征与风格质感的不同，又可分为轻薄面料、硬挺面料、肌理面料、图案面料等。在绘制服装效果图的过程中，或者运用传统手绘工具技法，或者借助电脑绘图软件辅助表现，线条、笔触和上色方法也各有不同。根据面料的不同特征与需要传达的效果，可以尝试运用各种不同的方法。

以下列举一些常见服装面料的表现技法（以手绘为例）。

一、轻薄面料的局部表现技法

轻薄面料常以水彩渲染的薄画法为主，并根据实际需要，可结合彩铅、水粉、马克笔等绘画工具深入刻画面料细节。

（一）棉麻类面料

纯棉类面料以棉纤维为原料，质地轻薄柔软，吸湿透气。麻类面料以麻纤维为原料，质地较硬，手感纹理较粗糙。

1. 亚麻面料的局部表现技法

亚麻纤维是世界上最古老的纺织纤维，亚麻面料是由天然亚麻纤维纱线织造而成的面料，织物的经纬纱线形成编织条纹且纹路清晰，表面具有粗细不匀的凸起纹理效果，手感比较粗糙，穿着吸湿透气，适合宽松或半合体廓型的休闲类服装（图6-1）。

绘制一款手工植物染的亚麻吊带连衣裙。

① 根据款式设计，在人体动态上绘制出连衣裙草图，用铅笔或与裙色接近的深色勾线笔，细致地勾勒出裙子的完整线稿，线条笔触需要

图6-1 亚麻面料

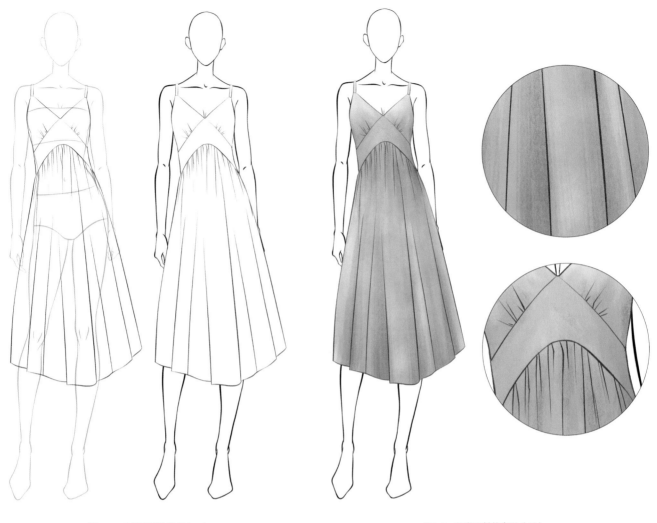

图6-2　亚麻面料的表现（一）　　　　　　　　　图6-3　亚麻面料的表现（二）

注重轻重、虚实的变化，表现出亚麻面料细腻轻薄、挺阔有力的质感，抽褶部位的褶皱线条不要过于柔软光滑，要有适当的棱角转折，最后擦除被裙子遮挡的人体线稿（图6-2）。

②运笔方向依据裙子的结构与衣纹走势，先用水彩大胆平涂出面料的基色，注意用水彩自然的色彩深浅过渡，体现质朴天然的染色效果，初步表现出服装的明暗关系（图6-3）。

③用深色彩铅，按照亚麻面料经纬纱线的组织结构，画出面料的纵横纹理，注意亚麻纹理的方向、疏密变化要与服装的结构、衣纹协调一致，用水彩深入刻画面料的明暗关系（图6-4）。

④最后用亮色彩铅在裙子的受光局部画出纹理杂色与凹凸质感，使裙子更加立体与真实（图6-5）。

图6-4　亚麻面料的表现（三）

图6-5　亚麻面料的表现（四）

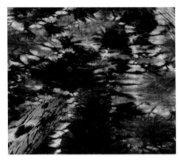

2. 纯棉扎染面料的局部表现技法

扎染是流行于中国西南地区的一种采用结扎的方法，对布料或衣物进行染色的民间传统工艺，是根据设计图案的效果，用线或绳子以各种方式绑扎布料或衣片后，放入染液中，绑扎处因染料无法渗入而形成自然特殊图案的一种印花方法（图6-6）。

绘制一款纯棉扎染连衣裙。

① 根据款式设计，在人体动态上绘制草图，用铅笔轻松完整地勾勒出连衣裙的线稿，擦除被裙子遮挡的人体草图线迹（图6-7）。

② 根据衣纹方向，用藏蓝平涂上衣的底色，根据扎染规律，用浅蓝色油画棒在裙身上画出需要的扎染图案，油画棒尽量用点染的手法进行涂色，涂色时需要根据图案形式与明暗变化控制涂色的粗细变化与力度，尽量涂得薄一些，给后期的色彩刻画预留一定的发挥空间，在需要后期加深的部位可以涂得更薄（图6-8）。

图6-6 扎染过程与面料

图6-7 纯棉扎染面料的表现（一）　　　　　　　　　　　　图6-8 纯棉扎染面料的表现（二）

③ 用藏蓝色顺着衣纹结构对裙子进行整体平涂，由于水、油不相融的原理，之前油画棒画出的图案在深色底色上即刻突显出来。接下来，渲染上衣和裙子的暗部，用清水洗出底色较亮部分，呈现整体的明暗关系。最后，深入刻画局部细节（图6-9）。

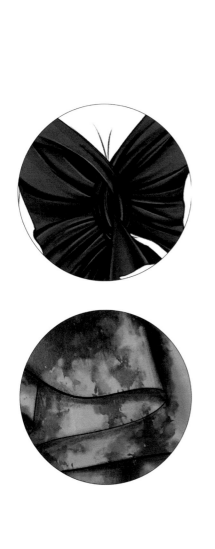

图6-9 纯棉扎染面料的表现（三）

3. 灯芯绒面料的局部表现技法

灯芯绒，源于 18 世纪，最早是一种在英国制造的粗羊毛布，后流行于 19 世纪 70 年代。原料以棉为主，织物经过割绒、刷绒等加工处理后，表面呈现纵向灯芯状隆起的绒条。灯芯绒手感柔软，绒条清晰圆润，光泽柔和均匀，穿着舒适，主要用于制作秋冬季节的裤子、夹克和衬衫等服装产品（图 6-10）。

绘制一款灯芯绒休闲夹克套装。

① 根据款式设计，在人体动态上绘制草图，用铅笔或与面料接近颜色的勾线笔，细致地勾勒出服装的完整线稿，线条流畅自然，衣纹饱满立体，需要表现出灯芯绒厚实而细腻的面料质感，最后擦除被服装遮挡的人体草图线迹（图 6-11）。

② 用淡彩渲染服装底色，受光边缘处可适当留白，深色表现暗部，绘制出服装基本的明暗关系（图 6-12）。

图6-10　灯芯绒面料

图6-11　灯芯绒面料的表现（一）

图6-12　灯芯绒面料的表现（二）

③ 在底色上根据衣纹规律，画出深色纵向条纹，强调条纹起绒效果，趁半干时再用深色绘出暗部，用白色提出亮面，注意不同部位的条绒色彩在明暗关系中的深浅变化，最后深入刻画局部细节（图6-13）。

（二）薄纱类面料

薄纱是一种半透明的面料，无论是柔软飘逸的软纱（如雪纺、乔其纱）、轻盈硬挺的硬纱（如欧根纱、玻璃纱、网眼纱），还是带有花纹镂空纹理的蕾丝面料，若隐若现的面料叠透效果，使服装整体的色彩变化丰富，增强设计的空间感和层次感。薄纱形式丰富，风格多变，在礼服、高级内衣等设计中常常组合使用。

以水彩表现技法为主，绘制一款薄纱面料的礼服裙，礼服裙设计为蕾丝和欧根纱面料上下组合构成。

蕾丝面料也叫绣花面料，分为有弹蕾丝和无弹蕾丝两种，因其轻薄、精美、细腻、通透等特点，具有精雕细琢的奢华感和浪漫气息，给人以神秘华贵之感，通常在女装中作为辅料或主料使用（图6-14）。

欧根纱，又叫格林纱、柯根纱、欧亘纱，是一种质地透明或半通明的轻纱，有化纤和真丝之分，具有顺滑、轻盈、细腻、飘逸的特点。欧根纱带有一定硬度，易于造型，可结合刺绣、印花、植绒、烫金等装饰工艺，广泛用于婚纱、连衣裙、礼服裙中（图6-15）。

绘制线稿时，首先需要根据款式设计，在人体动态上用铅笔轻松完整地勾勒出礼服裙的线稿，勾出蕾丝图案的大致形态与位置，再擦除被裙子遮挡的人体草图（图6-16）。

图6-13　灯芯绒面料的表现（三）

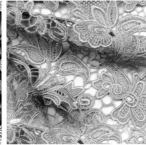

图6-14　蕾丝面料

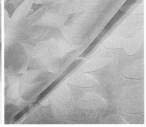

图6-15　欧根纱面料

图6-16 绘制线稿

1. 蕾丝面料的局部表现技法

① 用水彩铺出人物肤色，用蕾丝面料的浅色铺底，再逐步加深明暗关系，大致形成皮肤与面料的立体感（图6-17）。

② 精美的图案是表现蕾丝面料的重点，用粗细不同的勾线笔或马克笔依据服装结构与衣纹的层次变化，细致完整地勾出蕾丝的纹样（也可用设计软件的蕾丝面料图案进行贴图处理），表现出蕾丝的立体效果（图6-18）。

图6-17 蕾丝面料的局部表现技法（一）

图6-18 蕾丝面料的局部表现技法（二）

图6-19　雪纺面料的局部表现技法（一）

2. 雪纺面料的局部表现技法

为了表现薄纱丰富的层次感，通常采用水彩渲染技法，表现面料柔和、通透的质感。先画出薄纱底层的面料颜色，再在底色的上面用水彩铺色，待水分半干和干透时，层层刻画薄纱相互叠透产生的皱褶细节。

① 在绘制好的草图上，用水彩铺出人物肤色，用雪纺面料的浅色铺底，再逐步加深明暗关系，大致形成皮肤和面料的立体感（图6-19）。

② 对雪纺面料进行深入刻画，拉大明度对比，强调衣纹结构，表现材质的通透感与前后空间的虚实变化（图6-20）。

③ 薄纱礼服裙绘制完成（图6-21）。

图6-20　雪纺面料的局部表现技法（二）

图6-21　薄纱礼服裙

（三）丝绸类面料

丝绸面料大都具有素（染、练、漂）或花（印花、织）的表现，分为纺、绉、缎、绫、纱、罗、绒、锦、绡、呢、葛、绨、绢、绸、绮几大类。

丝绸类面料柔和轻盈，柔软光滑，光泽感强，在面料边缘会有明显反光，容易贴合皮肤，在人体凸起的部位容易形成包裹感而出现高光，衣褶凸起的部位也会形成高光，反光面的形态流动似水波，光泽边缘过渡柔和。同时，丝绸面料受环境的影响比较明显地表现出较为丰富的色彩变化，在具体色彩表现时，可以对其色彩倾向进行补充和丰富。

丝绸类面料的服装在人体上的衣纹比较复

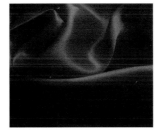

图6-22　素绉缎面料

杂，勾线和上色多采用松散自由的曲线，可适当进行概括和简化，色彩渲染上，主要体现为对面料反光效果的表现。

1. 素绉缎面料的局部表现技法

素绉缎是丝绸面料中常规的单色真丝品种，外表光泽亮丽、柔滑细腻，组织密实，富有弹性（图6-22）。

绘制一款素绉缎连袖女套装。

图6-23　素绉缎面料的
局部表现技法（一）

① 根据款式设计，在人体动态上绘制草图，用铅笔轻松完整地勾勒出礼服裙的线稿，擦除被裙子遮挡的人体草图线迹（图6-23）。

② 明确服装在人体上表现出来的衣纹褶皱形态与方向，用浅色对服装的底色进行平涂，在服装面料受光边缘与人体凸起的地方留出相对完整的高光部位，在浅色底色的基础上，根据服装的结构与衣纹走向调整笔触的方向，对底色进行大面积的平涂加深，这一步是确定整体色彩结构与关系的关键（图6-24）。

③ 对服装的中间色进行加重，逐步明确衣纹褶皱的细节，细化边缘反光与高光的色彩过渡，丰富色彩的层次。对服装的暗面继续加重，与反光面形成强烈的色彩明度对比，增加服装的体积感与丝绸面料的质感（图6-25）。

2. 提花缎面料的局部表现技法

提花缎是有经、纬线交错形成凹凸花纹的面料，分为单色提花缎和多色提花缎两种。提花缎光泽度好，具有质地柔软、细腻、爽滑的特点，大提花面料的图案精美，色彩层次分明，立体感强，小提花面料的图案相对简单（图6-26）。

绘制一款提花缎礼服裙。

① 根据款式设计，在人体动态上绘制草图，用铅笔轻松完整地勾勒出礼服裙的线稿，擦除被裙子遮挡的人体草图线迹（图6-27）。

② 根据服装在人体上表现出来的衣纹褶皱形态与方向，用浅色底色对服装进行平涂，在高光部位可适当留白处理。在底色基础上，顺着服装的结构与衣纹走向调整笔触的大小与方向，按照明暗关系进行概括性的初步加深，这一步是确定整体色彩结构与关系的关键，然后在服装的中间色区域绘制出提花图案（图6-28）。

图6-24 素绉缎面料的局部表现技法（二）

图6-25　素绉缎面料的局部表现技法（三）

图6-26 提花缎面料

图6-27 提花缎面料的局部表现技法（一）

图6-28 提花缎面料的局部表现技法（二）

③ 对服装的暗面继续加重，与反光
面形成强烈的色彩明度对比，增加服装
的体积感与丝绸面料的质感，逐步明确
衣纹褶皱的细节，细化边缘反光与高光
的色彩过渡，丰富色彩的层次。对提花
图案进行深入刻画，注意通过不同部位
图案的虚实变化，强化服装设计的空间
感与表现重点（图 6-29）。

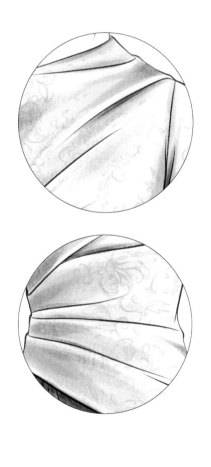

图6-29　提花缎面料的局部表现技法（三）

二、硬挺面料的局部表现技法

（一）牛仔面料

牛仔面料是以靛蓝色作经纱，本色作纬纱，采用三上一下右斜纹组织交织而成的斜纹布。牛仔面料的厚度单位为盎司，简称安，1 安 = 2835 克，牛仔面料可从 4.5 安 ~14.5 安分为不同的厚度，如 4.5 安可设计成夏季背心，无袖衫等，13.5 安则非常厚，可设计为冬季外套，牛仔裤大多从 8 安 ~12 安不等。

牛仔面料的原料最初以纯棉为主，后来为了改善纯棉牛仔面料的服用特性，拓展面料的品类需求，设计师加入了羊毛、羊绒、蚕丝、麻或其他的化学纤维，开发出了许多具有牛仔风格的混纺类牛仔面料。

传统牛仔面料以深蓝色环锭纺棉线的梭织为主，随着纺纱技术的发展，纱线花样层出不穷，其原料除了单纱、股线、长丝、复股线，还有各类花式线。牛仔面料的组织结构除了平纹、斜纹、人字纹、交织纹、竹节、暗纹、提花、植绒，还出现了各类针织与特殊组织方法。

牛仔服装多以打磨、喷砂等成衣染整为主，随着科学与技术的发展与进步，洗水工艺也层出不穷，不少牛仔服装经过刺绣、拔染、树脂、镭射、胶印、烫钻等工艺后再进行加工，使牛仔服

图6-30　牛仔面料

装的风格与外观特点呈现科技化、功能性、时尚性的发展趋势（图 6-30）。

绘制一款男士牛仔休闲装。

① 根据款式设计，在人体动态上绘制草图，先用铅笔轻松完整地勾勒出服装的线稿，再擦除被服装遮挡的人体草图线迹（图 6-31）。

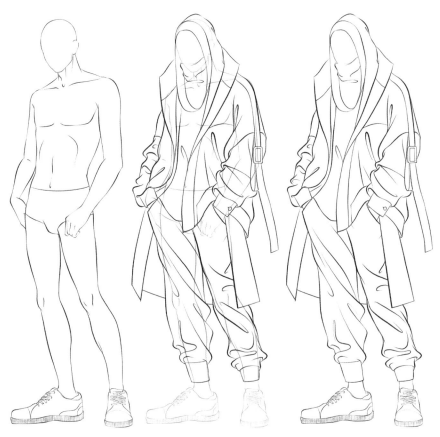

图6-31　牛仔面料的局部表现技法（一）

② 用水彩或马克笔按照服装的
结构与衣纹走向平涂底色，选择或调
出稍深一些的颜色，根据明暗关系对
底色进行加深，初步确定服装整体的
立体感与色彩倾向（图 6-32 ）。

③ 对服装细节进行深入刻画，
用深浅不同的彩铅混合画出牛仔面料
的基础纹理（也可以用电脑软件的牛
仔纹理素材，在服装色彩上选择正片
叠底的模式进行叠加贴图，但要根据
衣纹方向调整纹理的角度与方向），
最后画出压缉明线，注意明线的色彩
强弱需要与服装色彩明暗关系一致
（图 6-33 ）。

图6-33　牛仔面料的局部表现技法（三）

图6-32　牛仔面料的局部表现技法（二）

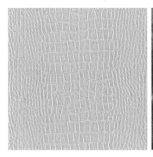

图6-34 皮革

（二）皮革（皮草）面料

皮革是指将猪、牛、山羊、绵羊等动物皮肤经过物理加工和化学处理过程而制成的材料，具有天然美观、透气性和耐久性好等特点，因其资源的稀缺性，制作皮革的成本会比较高，价格相对较贵。根据皮革的原料与工艺的不同，皮革分为真皮、再生皮和人造革三种，有硬皮革和软皮革两种类型，皮革可以通过染色、抛光、打蜡、涂层、做旧和压纹等附加工艺，或在加工处理的过程中，调节湿度和压力等参数，形成不同的纹理特征和外观风格（图6-34）。

皮草是指动物的皮毛，按外观特征可以分为厚型皮草（以狐皮为代表）、中厚型皮草（以貂皮为代表）和薄型皮草（以波斯羊羔皮为代表）。按原料皮的毛质和皮质不同，可分为小毛细皮类（紫貂皮、水貂皮、水獭皮等）、大毛细皮类（狐狸皮、貉子皮、猞猁皮等）、粗皮草类（羊皮、狗皮、狼皮等）、杂皮草类（猫皮、兔皮等）和拼皮类（整皮剩下的边角料拼接而成）。皮革在服装设计中，可作为局部或整体设计（图6-35）。

绘制皮革面料时，其高光部位的流动性不强且比较硬朗，光泽边缘过渡有明显的边缘线，如果皮革表面有凹凸变化的特殊纹理，需要通过明暗关系刻画出纹理的图案形态与立体感。

皮草的表现重点要根据不同毛质的特点有所区分。

飘逸的长软毛的毛流很长，轮廓较虚，没有明确的规律，绘制时首先需要找到软毛主要的几个流动方向，并将之概括、简化与分组，处理好它们之间的叠压关系，飘在上边的毛，需要精细刻画，可用留白或白色高光的方法提亮。

中长软毛的毛流方向明显，但看不到叠压关系，绘制时重点确定好整体的明暗关系，呈现出立体感即可，可在局部区域通过晕染或点画，刻画出毛尖形状，使之更加生动逼真。

短硬毛的叠压关系不明显，外轮廓的毛流

图6-35 皮草

图6-36 皮革（皮草）面料的局部表现技法（一）　　　　　　　　　　图6-37 皮革（皮草）面料的局部表现技法（二）

方向有规律，绘制时确定好毛流根部与毛的分组关系即可。

　　拼接毛是由不同颜色的毛皮拼接而成的，绘制时，首先根据毛流方向分组，将不同颜色进行区分，再逐层加深暗部，形成立体感。值得注意的是，在两个颜色相互衔接的地方，色彩之间会相互影响。

　　绘制一款皮革（含皮草）的女大衣。

　　① 根据款式设计，在人体动态上绘制草图，先用铅笔轻松完整地勾勒出服装的线稿，皮草的部分无需画得很精细，只需要绘制出皮草的大致轮廓和重要毛流的分组变化即可，最后擦除被服装遮挡的人体草图线迹（图6-36）。

　　② 按照服装衣纹结构，调整笔触大小与方向，用浅色分别绘制出皮草和皮革的基本底色，皮草边缘虚化处理，皮革高光部位适当留白。再按照毛皮的分组方向，用深色加深毛发走向，增强层次感，用深浅不同的颜色继续刻画出毛发的光泽感和柔软感，逐步加强皮革的明暗对比，初步体现出服装整体的色彩明暗关系（图6-37）。

③ 用简单随意的笔触补充完整人物后面的皮毛，对面料质感进行深入刻画，精细表现暗面的死角结构，提亮高光，增加服装的立体感与层次感，最后用细毛笔添加皮毛的自然细毛，丰富皮毛色彩，加强整体的结构与虚实关系（图6-38）。

三、肌理面料的局部表现技法

（一）毛呢面料

毛呢，又叫呢绒，是各类羊毛、羊绒织物的泛称。毛呢面料质地轻盈，保暖性和抗皱性能好，通常包括华达呢、哔叽、花呢和凡立丁等，常用于制作外套、大衣等。

毛呢面料根据制作工艺的不同，可以分为精纺和粗纺两种类型。精纺毛呢手感轻薄，织纹细密明晰，湿牢度较好，经用耐磨，价格较高。粗纺毛呢呢面饱满，质地严密扎实，织纹不明显，风格粗犷，手感偏硬。

粗花呢是粗纺毛呢中最具特色的品种，粗花呢的制作工序复杂，面料纱线可以是单色纱，也可以是混色纱和夹色银丝等，通常采用平纹或斜纹结构，织制成条纹、斜纹、人字纹、几何格纹等有一定规则的花式纹路（图6-39）。

图6-38　皮革（皮草）面料的局部表现技法（三）

图6-39 毛呢面料

毛呢面料可以运用水彩、马克笔、彩铅等淡彩技法表现，也可以用厚涂画法进行精细绘制，还可以在设计软件中运用现有的面料素材进行贴图处理，其重点是通过色彩与线条笔触的相互叠加，突出毛呢面料的毛绒质感和纹路特点。

绘制一款粗花呢女外套。

① 根据款式设计，在人体动态上绘制草图，先用铅笔轻松完整地勾勒出服装的线稿，擦除被服装遮挡的人体草图线迹（图6-40）。

图6-40 毛呢面料的局部表现技法（一）

② 浅色绘制服装的基本底色，按照服装的结构，调出深一点的颜色，用大笔触简单快速地铺出服装的灰面，初步体现出服装整体的基本明暗关系。然后用水彩根据衣纹变化绘制出上装的格纹图案，继续加深下装的暗部，加强服装的立体感（图6-41）。

③ 用深色继续加强服装的暗部和阴影，注意用不同冷暖变化的色彩丰富画面效果，最后用颗粒感的彩铅笔触，精细地刻画上装格纹的图案细节与光泽变化，表现出毛呢面料柔软细腻、富有光泽的质感（图6-42）。

（二）针织面料

针织面料，就是利用织针，将纱线弯曲成圈并相互串套而形成的织物。针织面料的质地松软，其原料主要成分是棉、麻、丝、毛等天然纤维或锦纶、腈纶、涤纶等化学纤维。针织面料具有良好的抗皱性、透气性和延伸性等优点，但也易脱散、易卷边（图6-43）。

根据生产方式不同，针织面料可以分为经编（横机织物）和纬编（圆机织物）两大类。经编面料用多根纱线同时沿布面的纵向（经向）

图6-41　毛呢面料的局部表现技法（二）

图6-42　毛呢面料的局
部表现技法（三）

图2-6-43 针织面料

顺序成圈,纬编面料则用一根或多根纱线沿布面的横向(纬线)顺序成圈。

根据使用范围不同,针织面料可以分为内衣针织面料、外衣针织面料和运动服针织面料三大类。内衣针织面料,包括针织汗布、棉毛布、针织绒布等,是传统的针织面料。外衣针织面料,包括中厚型经编和纬编、薄型纬编、经编拉绒、人造鹿皮、针织天鹅绒等。运动服针织面料大多以涤盖棉、绒类和衬氨纶的经纬编织物为主要原料。

针织面料质感表现的重点是编织的表面纹理。圆机生产的针织面料,纹理平滑整齐,在绘制时,适当夸张面料的针织纹理效果即可。横机以及手工编织的针织面料的图案,是根据

编织面料的纹理走向生成的,通常纹路明显,可直接按纹理比例或者夸张其纹理的立体效果,常用水彩、马克笔配合彩铅完成针织面料的色彩渲染。

绘制一款针织女外套。

① 根据款式设计,在人体动态上绘制草图,先用铅笔轻松完整地勾勒出服装的线稿,再用细毛笔或勾线笔勾线。面料本身材质偏厚,且带有褶皱肌理,手肘转折处产生的衣纹堆积带有厚重感和体积感,线条的粗细与浓淡需要随整体的明暗关系进行虚实变化。用铅笔勾出针织面料的主要纹路后,擦除被服装遮挡的人体草图线迹(图6-44)。

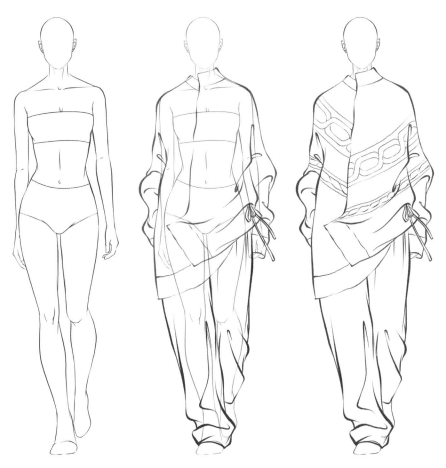

图6-44 针织面料的局部表现技法(一)

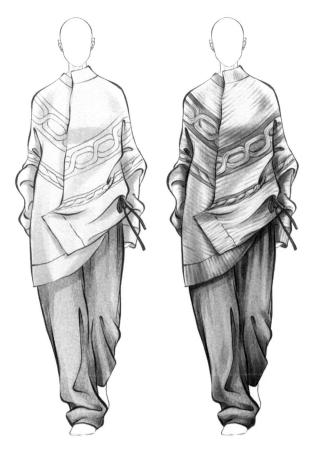

图6-45　针织面料的局部表现技法（二）

图6-46　针织面料的局部表现技法（三）

② 用浅色进行大面积铺色，绘制服装的基本底色，可根据光源适当留白，增加画面的通透感。调出深一点的颜色，按照服装的整体结构和衣纹走向，用大笔触简单快速地铺出服装的灰面，初步体现服装整体的基本明暗关系，为下一步深入刻画奠定基础。接下来，沿着针织纹路的边缘，用深色晕染阴影部分，添加针织纹理的立体效果（图 6-45 ）。

③ 加重阴影，调整整体画面的虚实关系，服装轮廓可添加环境色彩增加氛围感，提亮高光，补充针织的暗部细节，深入刻画纹理图案的体积感（图 6-46 ）。

第七章 | 风格设计与服装效果图的综合表现技法

"时尚只能一时，而风格永存。"——法国设计师夏奈尔（CoCo Chanel）

服装设计的风格，可以理解为服装设计作品所呈现的代表性艺术特点，它是历史或文化中各种艺术流派或社会思潮的反映。比如作为欧洲古典风格源头的古希腊风格、为东西方设计艺术所推崇的中国风格、源于美国大众文化的波普艺术风格、对主流风格反叛的解构风格等。在经济高速发展，消费需求多样化的今天，设计师需要与时俱进，不断地拓展思维方法与设计手法，研究不同类型与服装设计风格的特点，掌握服装效果图的综合表现技法，绘制不同风格的设计作品。

本章节选择具有代表性的设计风格，介绍服装设计效果图的综合表现技法（以传统手绘技法为主，也可采用 Proceat 等软件辅助绘图）。

一、民族风格服装设计与效果图表现技法

（一）民族风格

民族风格是在时代风格的基础之上，不同国家的不同民族在长期发展中，由于文化传统、生活方式和审美习惯差异而形成的具有不同民族特征的艺术形式与风格，它是民族的社会结构、经济生活、风俗习惯、艺术传统、审美习惯、生活方式等相融合的产物。例如，中国风格、波西米亚风格、非洲风格、印第安风格、西部牛仔风格等。

民族风格的服装，是一种传承和借鉴传统民族服饰元素的现代服装（图 7-1）。

中国风格，是一种建立在中国或东方传统文化基础上的民族风格，是一种以中国元素为表现手段的艺术形式或生活方式。中国风格的核心，就是遵循中国传统的设计美学，它体现了一种温婉含蓄、优雅内敛的艺术韵味，具有形与神相统一的和谐之美。

中国风格是一种以地区特色为区分依据的分类方法，不具有细节性，只需要在某一方面具有中国文化与艺术特色即可，如中国传统色彩与纹样、面料以及造型形式等。随着国风兴起，国潮元素融入服饰设计，传统与现代巧妙融合、复古与时尚感交织，适应全球经济发展趋势的"新中式服装"成为新的消费热点。"新中式"是对传统文化的扬弃与传承，蕴藏着数千年文化之美和传统工艺之美。

中国的 55 个少数民族，由于地理环境、气候、风俗习惯、经济和文化差异，不同民族的传统服装经过长期的发展，五彩缤纷，绚丽多姿，形成鲜明的民族特征与风格。

| 中国风格 | 波西米亚风格 | 非洲风格 | 印第安风格 | 西部牛仔风格 |

图7-1 民族风格

与中国其他传统服饰相比，汉服是中国风格中最具代表性的服饰。汉服，全称是"汉民族传统服饰"，又称衣冠、衣裳、汉装，始于黄帝，汉朝汉明帝时期最终确定其完整体系。汉服的款式繁多复杂，主要形制分为"深衣"制、"上衣下裳"制、"襦裙"制三种类型，是以"从华夏到汉"文化为背景和主导思想，以华夏、汉礼仪为中心，具有独特汉民族风貌性格的传统服装和配饰体系。

（二）汉服设计效果图表现技法

运用水彩技法为主，绘制一款唐代汉服（女）的设计效果图。

1. 绘制线稿

用铅笔绘制出人体动态（尽可能贴近中国古风人物的体型和体态），在人体动态上绘制完整线稿（图7-2）。

2. 拷贝线稿与绘制背景色

将线稿拷贝到水彩纸上，用勾线毛笔流畅地勾出完整的效果图线描图稿，勾线不要用纯黑色，脸部与手的轮廓线条要选择与肤色接近的深棕色，线条的粗细与深浅需要随服装整体的色彩明暗关系进行虚实变化。为了表现出汉服设计效果图的古风意境，可以借鉴传统中国工笔的绘画风格，用大笔刷在画纸上绘制出仿古的背景色（图7-3）。

3. 平涂固有色

平涂人物肤色与发色（为表现袖子透明薄纱的质感，先绘制出手臂肤色），再分别平涂出直襟襦衫、间色长裙、系带、披帛等服装不同部分的固有色（图7-4）。

图7-2　绘制线稿

图7-3　拷贝线稿与绘制背景色

4. 深入刻画皮肤、五官和头发

深入刻画皮肤、五官和头发。用深色肤色画出面部的暗部，鼻底、眼窝等部位可以加点冷色，丰富色彩的冷暖变化，晕染眼影、腮红与嘴唇，加深眉毛和眼部细节，提亮瞳孔、嘴唇、鼻梁与面部轮廓等，塑造出面部五官的立体感。根据头发的分组结构与走向，调整笔触大小与方向，强化头发的明暗关系，最后渲染头发的色彩与图案，添加碎发细节（图7-5）。

图7-4　平涂固有色

图7-5　深入刻画皮肤、五官和头发

图7-6　加强服装明暗关系　　　　　　　　　　　　图7-7　深入刻画服装色彩细节

5. 加强服装明暗关系

根据明暗关系对服装底色进行加深，初步确定服装整体的立体感与色彩倾向。注意襦衫的表现，需要用水彩逐层晕染，增加纱质面料相互叠加的透明感（图7-6）。

6. 深入刻画服装色彩细节

对服装色彩细节进行深入刻画，加重暗面，提亮高光，增强整体色彩的明度对比，表现出服装面料柔软华丽、光滑细腻的质感。根据画面的色彩关系，再适当添加一些冷暖色调，丰富色彩的氛围感（图7-7）。

7. 添加服饰图案

添加服饰图案。图案的大小、形态、方向等会随着衣纹结构的变化而变化，不同部位的图案会因光源的设定与服装侧重表现的部位不同而产生一定的虚实变化，在绘制的过程中，需要通过画笔的粗细、色彩的变化、笔尖的水分等进行调整（图7-8）。

图7-8　添加服饰图案

二、通勤风格服装设计与效果图表现技法

（一）通勤风格

随着都市生活和职业文化的发展，通勤已成为现代人生活中不可或缺的一部分。通勤风格，兼具职业性与时尚感，通常指都市白领在通勤途中、工作场所和社交等场合穿着的一种着装风格，涵盖了职场男女大多数的出入场合与生活场景。

通勤风格是女装风格的一种，如果是作为通勤穿着且兼具商务与休闲特点的男装，我们通常称之为商务休闲风格。

通勤风格主张极简主义，服装整体造型内敛高级、干练大方，面料舒适、做工精致、版型讲究，注重设计细节，通常以黑、白、灰、深色系或低饱和度的色彩为主（图7-9）。

（二）都市通勤套装设计效果图表现技法

以马克笔技法为主，绘制一款都市通勤套装的设计效果图。

1. 绘制线稿

用铅笔绘制出人体动态草图，在人体动态上绘制出完整的服装线稿，最后擦除被服装遮挡的人体线条（图7-10）。

2. 人物面部与头发上色

用浅色的肤色，顺着面部结构（包括脖子）进行平涂打底，再逐层加深暗部，刻画五官。根据头发分组结构，进行整体平涂，在高光位置适当留白，再逐层加深暗面，对头发的分组进行细化，最后在头发受光的边缘添加一些光源色，刻画发丝细节（图7-11）。

（图片源于品牌Fendi 2024年春夏系列作品）

图7-9　通勤风格

图7-10 绘制线稿

图7-11 人物面部与头发上色

3. 服装初步上色

　　顺着衣纹结构，用浅色对服装固有色进行平涂，服装的受光边缘可适当留白，保持画面色彩的通透感，在服装底色基础上进行逐层加深，加强明暗关系，初步确定服装整体的立体感（图7-12）。

图7-12 服装初步上色

4.深入刻画服装细节

对服装色彩细节进行深入刻画，加重暗面，提亮高光，增强整体色彩的明度对比，适当添加一些冷暖色调，丰富色彩的氛围感。最后，绘制面料纹理（图7-13）。

5.添加背景

根据服装色彩基调，调整画面整体的色彩细节，用水彩笔刷给人物添加背景（图7-14）。

图7-13　深入刻画服装细节

图7-14　添加背景

三、浪漫礼服设计与效果图表现技法

（一）浪漫主义风格

浪漫主义风格，是一种具有浪漫主义艺术精神的时装风格。

经历了17世纪流动有力的巴洛克时期、18世纪纤细优美的洛可可时期，到简练朴素的新古典主义时期，1825年到1845年，成为以欧洲女装为代表的浪漫主义思潮的极盛时期。柔软松弛的线条、纤细的腰肢、宽大的裙摆、精致的装饰、甜腻梦幻的色彩搭配……浪漫主义风格强调女性化特征，主张解放个性和心灵，反对刻板僵化，追求幻想和戏剧化的艺术效果。

在现代时装设计中，浪漫主义风格主要表现为柔和圆转的线条，变化丰富的浅淡色调，轻柔飘逸的面料，以及泡泡袖、花边、滚边、镶饰、刺绣、褶皱等装饰手法（图7-15）。

（二）浪漫唯美礼服设计效果图表现技法

以水彩为主，结合马克笔技法，绘制一款浪漫唯美礼服的设计效果图。

1. 绘制线稿

用铅笔绘制出人体动态草图，在人体动态上绘制出完整的服装线稿，最后擦除被服装遮挡的人体线条（图7-16）。

2. 人物皮肤与头发上色

用较浅的肤色，顺着人体面部、手臂进行平涂打底铺色，再逐层加深暗部。根据头发分组结构，进行整体平涂，高光位置可适当留白。最后对皮肤和头发的暗面逐层加深，添加面部腮红、眼影与唇彩，提亮高光，对头发的分组进行细化，刻画发丝细节（图7-17）。

3. 服装大体铺色

控制好毛笔水分，调出浅色，顺着服装的基本结构，用大笔触对服装整体进行大面积铺

（图片源于品牌Yu Atelier 2024年春夏系列作品）

图7-15　浪漫主义风格

图7-16　绘制线稿

图7-17　人物皮肤
与头发上色

色，通过水彩的反复叠加，表现纱质面料的透明感和大致的明暗关系，重点需要表现纱质面料丰富多变的叠加关系，使服装呈现初步的立体感（图7-18）。

4. 面料质感的表现

对面料质感进行深入刻画。按照面料的上下叠加关系，对裙子进行逐层渲染，可根据不同部位的色彩变化，在底色的基础上，对裙子原有的色相和明度进行适当调整，将纱质面料的透明轻柔和繁复的立体褶皱特征体现出来。最后，加深暗部，提亮高光，拉开明暗关系，细化裙子的结构细节，强调裙片的转折结构与裙摆边缘线的反光面，表现裙摆丰富立体的层次感与相互重叠的透明感（图7-19）。

图7-19　面料质感的表现

图7-18　服装大体铺色

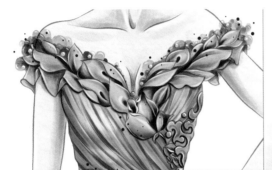

图7-20 装饰细节刻画

5. 装饰细节刻画

对领口、腰部与头饰的局部立体装饰细节进行刻画（图7-20）。

6. 背景衬托

添加背景，衬托主体，丰富画面效果（图7-21）。

图7-21 背景衬托

四、户外运动装设计与效果图表现技法

（一）户外运动风格

随着户外运动从小众逐渐泛化普及，从山林野外到城市郊外，人们对户外运动场景的需求不断变化，户外文化也逐渐蔓延到生活、文化、时尚、环保等众多领域。适合新时代年轻人的户外运动风格因其舒适简单、精致时尚而成为一股势不可挡的时代风潮与流行趋势。

户外运动风格包括山系户外运动风格和城市户外运动风格（图7-22）。

山系户外运动风格（Gorpcore），不仅是一种服装风格，更是一种追求自然、健康的生活方式。相较于传统的户外风格，山系户外运动风格更加干净利落，多以大地色、森林绿等自然色调为主，采用适合户外生存的防水、透气、耐磨的功能性面料，融入工装元素与户外配饰，同时巧妙地加入流行元素，兼顾功能性与时尚性，打造一种与大自然和谐共生的人类形象和自由随性的生活态度。

城市户外运动风格（Urbancore），是一种以高速发展的城市生活为背景，融合露营、骑行、休闲慢跑、街头运动等多元化场景元素的时尚风格。城市户外运动风格的服装具有户外运动特点的同时，又符合都市年轻人的时髦审美，是一种将运动、休闲与时尚元素巧妙结合的服装风格。城市户外运动风格强调服装的实用性、功能性和舒适性，追求穿搭的自由性与多样性，多选用鲜明色彩或大地色系，松身宽大的廓型和混搭叠穿等设计手法。

（二）户外运动装设计效果图表现技法

以马克笔技法为主，结合水彩，绘制一款城市户外运动风格的男装设计效果图。

（图片源于品牌Woolrich 2025年春夏系列作品）

（图片源于品牌Solid Homme 2024年春夏系列作品）

图7-22　户外运动风格

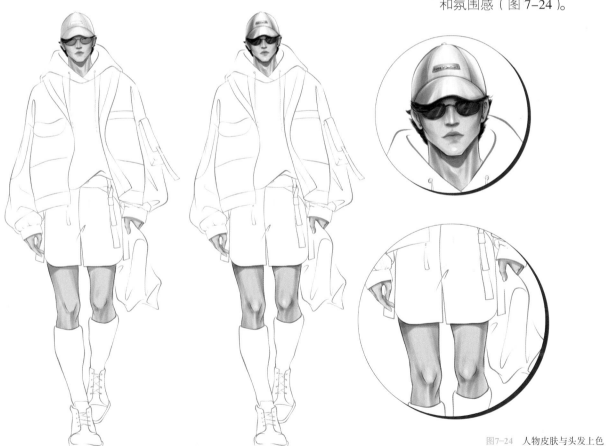

1. 绘制线稿

用铅笔绘制出人体动态草图，再用勾线笔绘制出完整的线稿，最后擦除被服装遮挡的人体线条（图 7-23）。

2. 人物皮肤与头发上色

用较浅的肤色和发色，根据人体和头发走向，分别对皮肤和头发进行平涂打底，再用深色马克笔进行逐层渲染，加深暗部，提亮高光，最后刻画五官、帽子、眼镜、头发与投影细节，增强人物的写实效果，适当添加冷暖调子，丰富色彩的光影质感和氛围感（图 7-24）。

图7-23　绘制线稿

图7-24　人物皮肤与头发上色

3. 服装初步上色

顺着服装结构，用浅色对不同单品的固有色进行平涂，为了表现科技面料的反光效果，保持画面色彩的通透感，高光部位可适当留白。接下来，在不同底色基础上进行逐层加深，加强明暗关系，初步确定服装整体的立体感（图7-25）。

4. 深入刻画服装细节

对服装色彩细节进行深入刻画，加重暗面，提亮高光，增强整体色彩的明度对比，绘制裤子的针织纹理、上衣和裤子的局部图案等，表现出不同面料的不同质感。最后，添加一些环境色，协调整体色彩的冷暖关系，在统一色调的基础上，使画面的色彩更加丰富（图7-26）。

5. 添加背景

添加背景，衬托主体，丰富画面效果（图7-27）。

图7-25 服装初步上色   图7-26 深入刻画服装细节   图7-27 添加背景